B

Kurt Bullrich

Die farbigen Dämmerungserscheinungen

Birkhäuser Verlag
Basel · Boston · Stuttgart

Dank an die Freunde, die Farbfotos zur Verfügung stellten;
an Frau G. Huster, die die Zeichnungen besorgte;
an Frau E. de Bary für die kritische Durchsicht des Manuskripts.

CIP-Kurztitelaufnahme der Deutschen Bibliothek

Bullrich, Kurt:
Die farbigen Dämmerungserscheinungen / Kurt
Bullrich. – Basel ; Boston ; Stuttgart :
Birkhäuser, 1982.
ISBN 3-7643-1355-2

Die vorliegende Publikation ist urheberrechtlich geschützt.
Alle Rechte, insbesondere das der Übersetzung in fremde Sprachen, vorbehalten. Kein
Teil dieses Buches darf ohne schriftliche Genehmigung des Verlags in irgendeiner Form –
durch Fotokopie, Mikrofilm oder andere Verfahren – reproduziert oder in eine von
Maschinen, insbesondere Datenverarbeitungsanlagen, verwendbare Sprache übertragen
werden.

© 1982 Birkhäuser Verlag Basel
Umschlaggestaltung: Albert Gomm swb/asg, Basel
Printed in Switzerland by Birkhäuser AG,
Graphisches Unternehmen, Basel
ISBN 3-7643-1355-2

Inhaltsübersicht

1	*Vorwort*	7
2	*Einführung in die Grundlagen zur Erklärung der Himmelsfarben*	9
	Das menschliche Auge als Meßinstrument für Helligkeit und Farbe	9
	Die drei Komponenten der Farbe: Farbton, Farbsättigung und Leuchtdichte (Helligkeit). Die Farbtafel	13
	Zur Bestimmung der Leuchtdichte einzelner Himmelszonen und deren Farben	20
	Die Sonnen- und Himmelsstrahlung in verschiedenen Spektralbereichen	21
	Die Sonnenstrahlung	21
	Die Himmelsstrahlung bei Tage	24
	Zur Sonnenphysik	25
3	*Der vertikale Aufbau der Atmosphäre*	29
	Die geometrisch-astronomischen Bedingungen für die beleuchtete Atmosphäre bei und nach Sonnenuntergang	31
4	*Die spektrale Lichtstreuung und Lichtabsorption in der Atmosphäre. Die Molekülatmosphäre und das atmosphärische Aerosol*	43
	Die Lichtschwächung durch Lichtstreuung in der reinen Molekülatmosphäre	44
	Die Lichtstreuung an Aerosolpartikeln (Dunst)	44
	Das stratosphärische Aerosol und die Vulkantätigkeit	50
	Das mehrfach gestreute Licht	52
	Die Rolle der Lichtabsorption	54
5	*Das Erscheinungsbild des Ablaufs der Dämmerung*	57
	Die Dämmerung bei Sonnenhöhen von 10 Grad über dem Horizont bis 2 Grad unter dem Horizont (2 Grad Sonnentiefe)	57
	Die Dämmerung bei Sonnentiefen zwischen 2 Grad und 6 Grad unter dem Horizont	68
	Das Purpurlicht	69
	Zur Entstehung des purpurn gefärbten Dämmerungshimmels	70
	Indirekte quantitative Angabe über den jährlichen Verlauf der Anzahl der vulkanischen Partikeln in der Stratosphäre vor und nach dem Ausbruch des Vulkans Agung (Bali), März 1963	77

	Alpenglühen	78
	Die atmospärisch-optischen Störungen und ihre Einflüsse auf die Dämmerungsfarben	79
	Atmosphärisch-optische Störungen in jüngster Zeit	82
6	*Die farbarme Dämmerung und die Leuchtdichteverteilung am Himmel nach Sonnenuntergang*	89
7	*Die leuchtenden Nachtwolken, das Nordlicht, das Nachthimmelslicht, das Zodiakallicht und die Perlmutterwolken*	91
	Die leuchtenden Nachtwolken	91
	Das Polarlicht	93
	Das Nachthimmelslicht oder Erdlicht	95
	Das Zodiakallicht oder Tierkreislicht	96
	Die Perlmutterwolken oder sehr hohe irisierende Wolken	98
8	*Klimaschwankungen und Himmelsfarbe*	99
	Register	103
	Einheiten	104

1 Vorwort

Die Natur, die Welt, die uns umgibt, ist unermeßlich reich an Farben. Der Mensch hat seine farbige Welt selbst seit Jahrtausenden darzustellen versucht. Das geschah in prähistorischen Felsmalereien, während der klassischen Malereiepochen, in farbiger Plastik, in den glühenden Farben der Glasfenster romanischer und gotischer Kathedralen, in der Dichtkunst, im Feuerwerk, in der Forschung. Von den zarten Farben eines Giotto, Turner, Segantini bis zu den härteren Farbtupfern der Modernen entstanden von Menschenhand tausendfach Bilder und Fotos, die auch das Leuchten der Atmosphäre wiedergeben.
Dabei wird beim Vergleich älterer Darstellungen mancher Landschaften, beispielsweise aus dem Mittelalter, mit den Ländern, die wir heute sehen, zuweilen recht deutlich, daß unsere zivilisierte Welt etwas an Farben verloren hat. Sie ist grauer geworden. Der Grund hierfür ist der übermäßig zahlreich gewordene Mensch mit seinem Wunsch, auf seine Weise zu leben oder sich mühsam am Leben zu erhalten.
Dennoch: Schmetterlinge, Blumen und nicht zuletzt der Himmel bieten immer wieder neuartige Variationen prächtiger Farbenspiele, physikalisch erklärbar. Überreich an Farben ist der Aufgang der Sonne und ihr Untergang. Jeder Abend ist anders, jeder Morgen voller Überraschungen. Wir staunen über den Ablauf der Abenddämmerung. Unglaublich erscheint der Farbwechsel mit seinen vielfältigen Nuancen, bis endlich die Farben des Himmels dem Nachthimmel mit seinen Sternen weichen. Unvergleichlich, ursprünglich ist der Farbeindruck, den das menschliche Auge, dieses Wunderorgan an Wahrnehmungs- und Beobachtungskunst uns unmittelbar vermittelt.
Aber der Mensch gibt sich nicht zufrieden mit dem, was er sieht und beobachtet. Er will mit seinem spielerischen Wissensdrang ergründen, warum dies oder jenes so oder so zu deuten oder gar zu erklären ist.

2
Einführung in die Grundlagen zur Erklärung der Himmelsfarben

Erst vor relativ kurzer Zeit ist es gelungen, die mannigfachen Erscheinungen der Himmelsfarben zu erklären. Die physikalischen Fakten sind vielfältig und ihre mathematische Behandlung überaus kompliziert. Dementsprechend sind die «Wunder» der farbigen Himmelserscheinungen dem Laien nicht ohne weiteres verständlich zu machen. Das ist der Grund, warum hier zunächst versucht werden muß, eingehende Einführungen in die Voraussetzungen des Entstehens der Dämmerungserscheinungen zu geben. Diese sind eine notwendige Hilfe zum Verständnis des Ablaufs von Himmelsfärbung und Himmelshelligkeit nach Sonnenuntergang bzw. vor Sonnenaufgang. Das erscheint auch deshalb gut, weil der Mensch, trotz seiner vorzüglichen Sinnesorgane, ein mittelmäßiger Beobachter ist. Ihm mangelt es zuweilen an Objektivität, weil er an Ausschmückungen von beobachteten Erscheinungen und Begebenheiten teils emotionell, teils phantasievoll seine Freude hat.

«Die schöne Sonne ist hinabgestiegen ins Meer,
die wogenden Wasser sind gefärbt von der dunklen Nacht,
nur noch die Abendröte überstreut sie mit goldenen Lichtern.»
Heine

Das menschliche Auge als Meßinstrument für Helligkeit und Farbe

Unser Auge nimmt die im vorliegenden Buch beschriebenen «farbigen Dämmerungserscheinungen» wahr. Es ist deshalb interessant, etwas über die Wirkungsweise dieses Organes zu erfahren. Außerdem fördert die Kenntnis der Funktionen des Auges das Verständnis für die Dämmerungsfarben.
Die physiologisch-physikalisch-optische Leistungsfähigkeit des menschlichen Auges übertrifft diejenige aller rein physikalisch-optischen Meßinstrumente. Vom Tageshimmel bis zur Dunkelheit der Nacht nimmt die Himmelshelligkeit um mehr als 10 Zehnerpotenzen physikalischer Helligkeitsmeßeinheiten ab (Tab. 1). Diesen sehr beträchtlichen Helligkeitsunterschied kann unser Auge durchaus wahrnehmen, wenn auch nur subjektiv. Das Auge vermittelt an das menschliche Gehirn die Eindrücke sehr hell, hell, dämmerig, fast dunkel, mit vielen feinen Zwischenstufen. Krasse Himmelshelligkeitsunterschiede, z.B. am Tage, werden weniger differenziert empfunden als etwa solche während der Dämmerung. Im folgenden sei anstelle des unbestimmten Begriffs

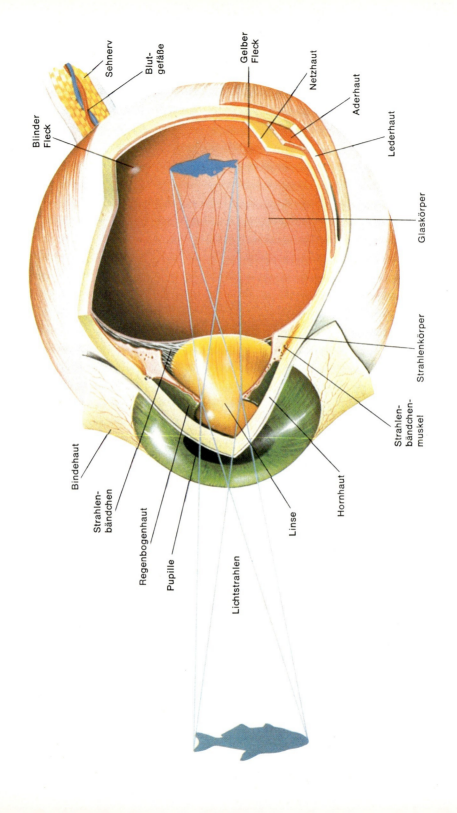

< Abb. 1
Teilschnitt durch das Auge. Das umgekehrt auf der Netzhaut erscheinende Bild besteht aus einer großen Anzahl von Nervenimpulsen, die über den Sehnerv zum Gehirn geführt werden. Das Gehirn interpretiert diese zum «Sehen».

Helligkeit, die physikalisch definierte «Leuchtdichte» verwendet. Ihre Einheit ist das Apostilb (asb). Sie bezieht sich immer auf Strahlung, welche den gesamten sichtbaren Spektralbereich umfaßt.
Einen schematischen Überblick über den Aufbau des Auges vermittelt die nachstehende Abbildung 1. Er sei zum Verständinis der Wahrnehmung der Dämmerungsleuchtdichte mit ihren charakteristischen Farben kurz erläutert (Abb. 2).
Der hier dargestellte Augapfel ist kugelförmig und mit wäßriger Flüssigkeit gefüllt (sog. Glaskörper). Die Hülle des Augapfels besteht aus mehreren Bindegewebsschichten. Außen ist die Lederhaut, die im vorderen, dem Lichteinfall zugewandten Teil des Auges lichtdurchlässig ist. Dort wird sie als Hornhaut bezeichnet. Sie hat die Funktion, das in das Auge einfallende Licht mittels einer konvex geformten Halblinse ins Augeninnere zu lenken und auf der Netzhaut ein annähernd scharfes Bild zu entwerfen (Fokussierung). Die mittlere Schicht heißt Aderhaut. Nach innen an der Aderhaut schließt sich die lichtempfindliche Netzhaut, auch als Retina bezeichnet, an.
Die Regenbogenhaut oder Iris ist Bestandteil sowohl der Aderhaut als auch der Netzhaut. Sie enthält diejenigen Farbpigmente, die dem Auge die Farbe verleihen, von Braun bis Blau mit allen Zwischenstufen Grünlich und Grau. Hinter der Pupille und der Iris ist die Linse im

Abb. 2
Foto vom Auge eines Menschen und eines Falken.

Glaskörper zu finden. Sie besteht aus Schichten, die das Licht verschieden brechen. Ihre Veränderung ermöglicht das scharfe Erkennen naher sowie entfernter Sehziele, wobei sich die Linse stärker oder weniger stark wölbt. Diese Sammellinse entwirft im Zusammenwirken mit der Hornhaut ein umgekehrtes Bild des betrachteten Gegenstandes auf der Netzhaut.

Hornhaut, Linse und Glaskörper sorgen für den Bildentwurf des Auges, physikalisch als dioptrischer Apparat bezeichnet. Das von diesem Apparat verfertigte Bild gelangt zur Netzhaut, von der es mit Hilfe der Sehpigmente in Nervenimpulse, das sind elektrische Signale, umgewandelt und über den Sehnerv dem Großhirn zugeführt wird.

Die lichtempfindlichen Empfangsinstrumente, die Rezeptoren, auf der Netzhaut sind die Zapfen und die Stäbchen. Es gibt drei Arten von Zapfen mit unterschiedlicher Farbempfindlichkeit. Sie sind für das Farbensehen bei Tage und während der Dämmerung verantwortlich. Die Stäbchen vermitteln das Schwarz-weiß-Sehen, also die Wahrnehmung farbloser Leuchtdichteunterschiede. Im Laufe der Dämmerung, wenn der Himmel dunkler wird, reicht die Empfindlichkeit der Zapfen zum Sehen nicht mehr aus. Es bleiben schließlich nur die Stäbchen in Aktion. Der Himmel wird dann grau bis schwarz. Im Übergangsbereich wirken Zapfen und Stäbchen gleichzeitig als Rezeptoren. Dabei ist wichtig zu wissen, daß die Zapfen im langwelligeren Bereich des Spektrums bei der Wellenlänge 560 mμ Gelb-Grün und die Stäbchen im kurzwelligeren Bereich bei der Wellenlänge 500 mμ Blau-Grün empfindlicher reagieren, wobei die Stäbchen nur Schwarz-Weiß unterscheiden. Diese unterschiedliche spektrale Empfindlichkeit von Zapfen und Stäbchen hat z.B. zur Folge, daß eine rote und eine blaue Fläche, die bei Tageslicht gleich hell erscheinen, während der Dämmerung einen unterschiedlichen Helligkeitseindruck hervorrufen. Da die Stäbchen Rot nur schlecht sehen, ist diese Farbe während der Dämmerung bald schon schwarz, während die blaue noch längere Zeit hell erscheint. Ferner ist zu beachten, daß Zapfen und Stäbchen nicht am gleichen Ort auf der Netzhaut angesiedelt sind. Die Zapfen sind am

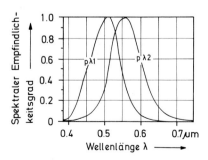

Abb. 3
Farbempfindlichkeit des Auges $p_{\lambda 1}$ bei Tage, $p_{\lambda 2}$ bei Nacht. Ordinate: relative Empfindlichkeit. Die maximale Empfindlichkeit ist gleich eins gesetzt. Abszisse: Wellenlänge des Lichts in $\mu m = 10^{-4}$ cm $= 10^{-6}$ m. Bei Nacht ist das Auge rotempfindlicher als bei Tag (wird als Purkinje-Phänomen bezeichnet).

zahlreichsten in der Sehgrube (Fovea) inmitten des sogenannten gelben Flecks. Er ist demnach das Gebiet der größten Sehschärfe und der besten Farbunterscheidung. Außerhalb der Fovea, zur Peripherie hin, sind die nur Hell-Dunkel empfindenden Stäbchen angebracht. Das erklärt u. a. die Tatsache, daß bei Tage ein Gegenstand mit einer anderen optischen-physiologischen Augeneinstellung gesehen wird als ein Stern bei Nacht. Im Bereich der Dämmerung, wo Zapfen und Stäbchen zusammen wirken, kann deshalb das Bild unscharf und ein punktförmiger Gegenstand doppelt erscheinen. Bei Dunkelheit ist eine kleine Lichtquelle besser sichtbar, wenn man nicht so genau zu ihr hinsieht.

Die Anzahldichte der Sehzellen in der Netzhaut bestimmt die Sehschärfe des Auges. Das menschliche Auge enthält etwa 125 Mio Sehzellen, dabei etwa 20mal mehr Stäbchen als Zapfen. Im gelben Fleck sind etwa 170000 Zellen je mm^2 versammelt, bei Raubvögeln mehr als eine Million.

Die Abbildung 3 informiert über die spektrale Empfindlichkeit des Auges während des Tages, Kurve $p_{\lambda 1}$, und während der Nacht, $p_{\lambda 2}$.

Tabelle 1
Die mittlere Leuchtdichte des Zenithimmels in Abhängigkeit von der Sonnenhöhe während der Dämmerung: a) bei wolkenlosem Himmel; b) bei durchbrochener Bewölkung; c) bei geschlossener dichter Wolkendecke (Einheiten Apostilb, asb.)

Sonnenhöhe	a)	b)	c)
5°	2200	3000	1100
3°	1400	1900	540
0°	400	520	65
− 3°	28	30	2,7
− 5°	2,9	2,7	0,26
− 8°	0,11	0,079	0,013
−10°	0,019	0,013	0,0027
−13°	0,0004	0,0010	0,0004
−15°	0,0000	0,0002	0,0001

K. Bullrich (1948): Die Leuchtdichte des Himmels während der Dämmerung. Ber. d. Dtsch. Wetterdienstes Nr. 4.

Die drei Komponenten der Farbe: Farbton, Farbsättigung und Leuchtdichte (Helligkeit). Die Farbtafel

Wir sahen, daß zum Verständnis der Dämmerungsfarben die Kenntnis der Wirkungsweise des menschlichen Auges nötig ist. Zum weiteren Verständnis müssen die physikalischen Grundlagen der Farbbestimmung bekannt sein. Deshalb sei den Bestimmungsgrößen der Farbe ein Kapitel gewidmet.

Wir bedienen uns in diesem Kapitel einiger Grundbegriffe aus der Farbenlehre. Sie ist die Wissenschaft der Farbempfindung. Für diese ist

eine in das menschliche Auge gelangende Strahlung von bestimmter Wellenlänge notwendig. Es handelt sich dabei um den Wellenlängenbereich von etwa 0,4 bis 0,75 µm des sichtbaren Lichtes. Diese sichtbare elektromagnetische Wellenstrahlung hat im Auge einen Farbreiz zur Folge, der vom Nervensystem zum Gehirn weitergeleitet wird und dort die Farbempfindung auslöst.
Der Farbton wird von der Wellenlänge des sichtbaren Lichtes bestimmt. Der kurzwelligere Teil der Lichtstrahlung wird physiologisch als Blau, der langwelligere als Rot empfunden, Tabelle 2.

Tabelle 2

Farbton λ_F in mµ	Name	Farbton λ_F in mµ	Name
572,5	Zitronengelb	461	Rötlichblau
577	Gelb	475	Reinblau
582,5	Goldgelb	482	Preußischblau
588	Orangegelb	486	Eisblau
593	Orangerot	487,5	Eisblau
599	Hellrot	490	Eisblau
−495 (620)	Scharlachrot	495	Blaugrün
−516	Karmin	516	Grünblau
−535	Purpur	535	Grün
−549	Rotviolett	549	Grün
−562	Violett	562	Gelbgrün
−570 (435)	Blauviolett	570	Grüngelb

Die Tabelle gibt die Namen von Farben bei verschiedenen farbtongleichen Wellenlängen λ_F wieder. (H. Wagner: Die Körperfarben. Stuttg. 1939. Kap. XI).

Fällt Lichtstrahlung verschiedener Wellenlängen ins Auge, so findet eine physikalisch-physiologische Farbmischung statt, auf deren Komplexität weiter unten kurz eingegangen werden soll (Abb. 4). Ist das Licht monochromatisch, besteht es also aus Strahlung eines eng begrenzten Wellenlängenbereiches, so ist der Farbeindruck eindeutig, von Blau über Grün zu Rot. Die Farbe ist gesättigt. Ist die Lichtstrahlung dagegen aus Strahlung verschiedener Wellenlängen zusammengesetzt, so werden die Farben weniger markant, weniger satt. Je stärker die Mischung verschiedener Farben ist, um so weniger bunt, in der Fachsprache «unbunter», wird der Farbeindruck. Es kommt schließlich zur Empfindung Weiß, Grau oder Schwarz (Weiß bei hoher, Schwarz bei geringer Leuchtdichte). Die Stärke des Farbeindrucks, seine Leuchtkraft, hängt von der Intensität der ins Auge fallenden Lichtstrahlung ab, der schon erwähnten Leuchtdichte.
Anschaulich lassen sich diese Bestimmungsgrößen Farbton und Sättigung anhand der Farbtafel illustrieren.
Die Farbtafel ist eine grafische Darstellung der durch additive Farbmischung herstellbaren Beziehungen zwischen den Farbarten. Jedem Punkt in der Farbtafel ist eine Farbart zugeordnet.

Farbton und Farbsättigung 15

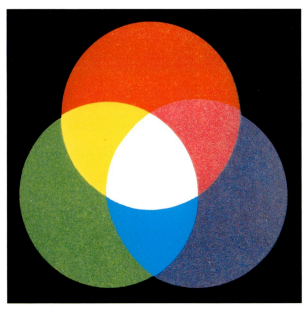

Abb. 4
Additive Farbmischung. Aus Rot und Grün entsteht durch additive Farbmischung Gelb; aus Rot und Blau Purpur; aus bunten Farben, je nach Leuchtdichte (Helligkeit), Weiß oder Grau.

Diese zweidimensionale Tafel gibt den Zusammenhang zweier Größen wieder, nämlich zwischen Farbton, das ist die farbtongleiche Wellenlänge und Farbsättigung in %. Dabei ist der Farbreiz im Auge und damit die Farbempfindung im Gehirn berücksichtigt.
Die Farbempfindung ist nicht immer direkt dem Farbreiz proportional. Auf dem Weg zum Gehirn und dort selbst kann der Farbreiz durch vorwiegend psychische Einflüsse individuell verändert werden. Der Empfängerapparat des Auges bewertet den Farbreiz nach drei voneinander unabhängigen, spektral verschiedenen Wirkungsfunktionen normalerweise linear und stetig. Sie werden als Normalreizbeträge oder Normspektralwerte des Auges bezeichnet. Sie stellen die drei voneinander unabhängigen Grundreize des Auges für Blau, Grün und Rot dar. Durch das Verhältnis der im Auge ausgelösten Grundreize entsteht der Farbeindruck, wobei das Prinzip der additiven Farbmischung gilt (Abb. 4).
Die Einzelwirkungen setzen sich also zu einer einheitlich empfundenen Gesamtwirkung additiv zusammen. Verschiedene Farbreize können demnach den gleichen Farbeindruck hervorrufen.

In den folgenden Abbildungen sei die Farbtafel vorgestellt. Zur Erläuterung diene zuerst die Schwarzweiß-Abbildung (Abb. 5).

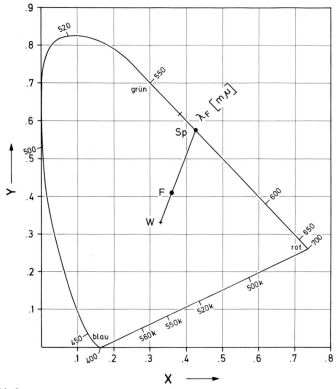

Abb. 5
Internationale Normfarbtafel; Farben im rechtwinkligen Koordinatensystem. Siehe Text Seite 16–18.
Im Gebiet des Unbuntpunktes W in der Mitte der Darstellung nimmt das Auge keine Farbe mehr wahr. Auf den anderen Farbtafeln wird der Punkt W meist als C bezeichnet.

Die spektrale Leuchtdichte einer Lichtquelle wird mit den Normspektralwerten multipliziert. Sie sind im Meteorologischen Taschenbuch[1] zu finden. Dann wird über die Wellenlänge λ integriert.
Diese Werte werden auf die Gesamtsumme 1 normiert.
Sie werden in der Farbtafel als Koordinaten eingetragen und als solche verwendet. Die verlängerte Verbindungslinie des ermittelten Farbpunk-

[1]) Meteorologisches Taschenbuch, II. Band, 2. Aufl. S. 433. Akad. Verl. ges. Geest und Portig, Leipzig.

tes F mit dem Weißpunkt W, dem Unbuntpunkt, trifft die eingezeichnete Spektralkurve (konkaver Spektralfarbenzug) bei der Wellenlänge des Farbtons. F in unserem Beispiel ist der Farbpunkt mit den Koordinaten X und Y. Sp ist der Spektralpunkt als Schnittpunkt der Verbindungslinie W-F mit der Spektralkurve. Den Kurvenzug der reinen Spektralfarben erhält man durch Eintragen der Normspektralwertanteile entsprechend DIN 5033, Bl. 2, als Koordinaten X, Y, wobei die Wellenlängen in unregelmäßig großen Abständen auf ihr verteilt sind. Sp gibt die sogenannte farbtongleiche Wellenlänge λ_F an. Die Wellenlänge wird auf der geraden Verbindungslinie Blau-Rot abgegriffen. Die Zahlenangaben auf dieser Linie erhält man durch die Verlängerung der Verbindungslinie der Zahlenwerte der Spektralkurve λ_F-W.
Die Purpurfarben sind im Spektrum nicht enthalten. Sie entstehen durch die Mischung der Farbanteile Blau und Rot. Sie liegen in dem

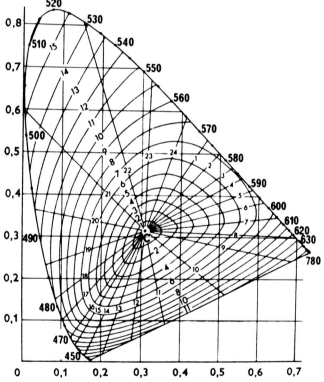

Abb. 6
Normfarbtafel mit Angaben von Farbton und Sättigung. Vom Unbuntpunkt C verlaufen radial die Geraden gleicher Farbtöne (1, ... 24). Um den Unbuntpunkt C verlaufen die Linien gleicher Farbsättigung (1, ... 15).

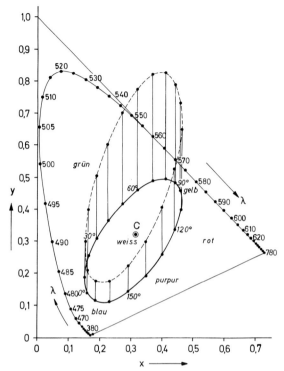

Abb. 7
Farbtafel mit der Kurve der Vario-Colorfarben als Beispiel, dick ausgezogene Kurve. C Weißpunkt oder Unbuntpunkt. Er kann auch grau oder schwarz sein. Senkrechte Linien und gestrichelte Kurve bedeuten Helligkeiten (Leuchtdichten) der Farben, perspektivisch gezeichnet.

Dreieck, das durch die Punkte für $\lambda = 400$ mμ Blau und $\lambda = 700$ mμ Rot und W gebildet wird. Die farbtongleiche Wellenlänge wird hier mit λ_k bezeichnet ((k für kompensativ, oft auch der Index c) genannt und mit einem Minuszeichen versehen). Das nach dem Farbton wichtigste Bestimmungsstück für den Farbeindruck ist die Farbsättigung. Besonders bei der subjektiven Betrachtung einer Farbe spielt sie eine Rolle. Ob z. B. der Himmel tiefblau oder blaßblau erscheint, ist neben dem Effekt der Helligkeit, der Leuchtdichte, hauptsächlich durch die Sättigung bedingt. Sie sagt demnach aus, mit welchem Ausmaß der Farbton bewußt gesehen wird. Die Sättigung ist das Verhältnis von absolut gesättigten Farben (zu finden auf dem Spektralkurvenzug auf der Farbtafel) zur ungesättigten Farbe, zu Weiß im Weiß- oder besser Unbuntpunkt W. Auf der Farbtafel ist die Farbsättigung gegeben durch das Verhältnis der Entfernung des Farb-

punktes vom Weißpunkt zum Abstand Weißpunkt (W) – Spektralpunkt (Sp). Die Sättigung S ist für Weiß gleich 0%. Für Spektralfarben auf dem Spektralfarbenzug gleich 100%. Für andere Punkte erhält man die Sättigung aus S = W–F:W–Sp. Eine weitere anschauliche Darstellung über Farbton und Farbsättigung ist auf der Abbildung 6 zu finden.
Die Leuchtdichte als dritte Kenngröße bzw. drittes Bestimmungsstück eines mehr oder weniger farbigen Lichteindrucks ist in der Farbtafel

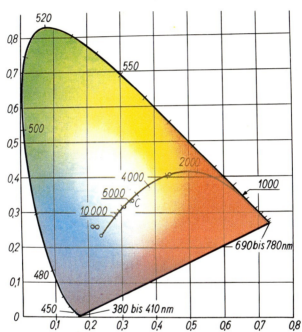

Abb. 8
Normfarbtafel in bunter Darstellung der Farbarten. Der Spektralfarbenzug und die Purpurlinie (Angaben in nm = mμ = 10^{-9} Meter) als gesättigste Farben umschließen den Bereich der sichtbaren Farben. Im Mittelpunkt bei C liegen die Unbuntfarben Weiß, Grau, Schwarz. Die Farbörter des schwarzen Planckschen Strahlers in Abhängigkeit von seiner Temperatur liegen auf dem Planckschen Kurvenzug (auf der Abb. 5 schwarzer Kurvenzug). Die Bezifferung auf der Planckschen Kurve gibt die Farbtemperatur in Grad Kelvin (K) an.
(Absolute Temperatur K; 0 °C (C) = 273,16 K). Die Farbtemperatur ist, grob interpretiert, die Temperatur, der eine bestimmte Wellenlänge des Lichtspektrums zugeordnet ist. Bei sehr hohen Temperaturen strahlen «schwarze Körper», auf diesen Begriff sei hier nicht weiter eingegangen, nach dem Planckschen Strahlungsgesetz bei kürzeren Wellenlängen (z. B. um 10000 K, Blau) als bei niedrigeren Temperaturen (z. B. um 3000 K, Rot). Die Farbtemperatur ist u. a. für die Farbfotografie wichtig. Tageslichtfilme sind z. B. auf das Sonnenlicht von 5700 K abgestimmt, Kunstlichtfilme dagegen auf das Nitraphatlicht von 3500 K.

nicht direkt darstellbar. Wir erinnern uns, daß die Lichtstrahlung im Auge einen Reiz auf die in der Retina befindlichen Stäbchen- und Zapfensinnesorgane auslöst. Handelt es sich um den Eindruck der Helligkeit, so ist die Gesamtwirkung der Strahlung aller sichtbaren Spektralfarben von Bedeutung. Da das Auge aber für jede monochromatische Wellenlänge eine bestimmte Farbempfindlichkeit (Abb. 3) p_λ hat, deren Maximum bei der Wellenlänge willkürlich 555 mμ gleich 100 gesetzt wird, müssen die monochromatischen Strahlungsintensitäten i_λ mit den jeweiligen von der Wellenlänge abhängigen Augenempfindlichkeitswerten p_λ multipliziert werden. Danach ist über die Wellenlänge im sichtbaren Spektralbereich zu integrieren.

Die Leuchtdichte kann auf der Farbtafel in Form der dritten Dimension eingezeichnet werden, etwa in der Form von senkrechten Säulen perspektivisch (Abb. 7).

Ist z. B. die Himmelsstrahlung in einem engen Wellenlängenbereich durch Messung oder Berechnung an bestimmten Himmelspunkten bekannt, so können mit Hilfe der nach internationaler Übereinkunft festgelegten Werte der Augenempfindlichkeit und der ebenso festgelegten Normalreizbeträge des Auges über einfache Formeln die Koordinaten X und Y der Farbtafel errechnet werden.[1]) Zur Veranschaulichung der Farbtafel ist die farbige Abbildung 8 beigefügt.

Zur Bestimmung der Leuchtdichte einzelner Himmelszonen und deren Farbe

Wie im vorangegangenen Kapitel erläutert, sind Farben am Himmel ohne dort ausreichende Leuchtdichte dem Auge nicht wahrnehmbar. Ein kurzer Exkurs zur Erklärung, welche physikalischen Größen für die Leuchtdichte des Himmels verantwortlich sind, ist hier notwendig. Zur Beschreibung der Leuchtdichte an bestimmten Punkten am Himmelsgewölbe dient die sogenannte Strahlungsübertragungsgleichung. Dies ist eine analytisch nicht lösbare, partielle Integro-Differentialgleichung. Zu ihrer approximativen Lösung wurden im Laufe der letzten Jahre, seit es leistungsfähige Großrechenanlagen gibt, verschiedene numerische Verfahrensmethoden entwickelt, auf die hier freilich nicht eingegangen wird.

In dieser Gleichung müssen eine große Anzahl von strahlungsoptischen und luftchemischen Parameter Berücksichtigung finden. Als Beispiel seien folgende erwähnt. Die Extinktion, das ist die Schwächung der Sonnenstrahlung auf dem Wege durch die Atmosphäre zum Beobachter, hat auch eine Farbänderung der Sonne zur Folge. Ferner spielt die an

---

[1]) Literatur: Manfred Richter, 1940: Grundriß der Farbenlehre der Gegenwart. Verlag Steinkopf, Dresden und Leipzig.

verschiedenen Himmelsgegenden in der Atmosphäre zerstreute Strahlung eine Rolle. Die Streuung findet an den Luftmolekülen und an den atmosphärischen Schwebeteilchen, den Dunst- oder Aerosolpartikeln statt. Sie hat ebenfalls Einfluß auf die Leuchtdichte und die Färbung einzelner Himmelspartien.
Die Kenntnis der Lichtstreugesetze an Luftmolekülen und Aerosolpartikeln ist deshalb notwendig. Das setzt die Kenntnis von Anzahl und Größe der Aerosolpartikeln und der Luftmoleküle je Volumeneinheit voraus. Ferner ist deren vertikale Verteilung in der Atmosphäre wichtig. Außerdem muß deren Brechungsindex als Charakterisierung der physiko-chemischen Struktur der Aerosolpartikeln bekannt sein. Hierüber muß noch im Kapitel 4 berichtet werden.
Zur objektiven Messung der spektralen Himmelsstrahlung, besonders während der Dämmerung, bedarf es hochempfindlicher strahlungsoptischer Geräte. Wie im Kapitel 2 schon bemerkt, gibt es kein physikalisches Meßinstrument, das der (allerdings subjektiven) Leistungsfähigkeit des menschlichen Auges gleichkommt.

Die Sonnen- und Himmelsstrahlung in verschiedenen Spektralbereichen

Die Sonnenstrahlung

Die Sonne ist ein mittelgroßer Fixstern in unserem Milchstraßensystem. Sie ist von der Erde etwa 150 Mio Kilometer entfernt und hat einen Durchmesser von 1,4 Mio Kilometer (das sind über 100 Erddurchmesser). Die sichtbare Strahlung, die uns weiß oder farbig von Sonne, Mond, Himmel und Erde erreicht, stammt immer ursprünglich von der Sonne.
Die Sonnenstrahlung als Primärstrahlungsquelle ist Voraussetzung für die farbige Himmelsstrahlung. Letztere, als ein Produkt der in der Erdatmosphäre veränderten Sonnenstrahlung, ist somit eine sekundäre Lichtquelle.
Die Strahlung im Inneren der Sonne entsteht durch Freisetzen von Energie durch Kernumwandlung (Atomenergie). Kerne von Wasserstoffatomen verwandeln sich bei Temperaturen von etwa 20 Mio Grad in Heliumatome. Das Verhältnis von Wasserstoff zu Helium im Sonneninnern beträgt etwa 60 zu 30 Gewichtsprozent. Es ist abzuschätzen, daß dieses gigantische Kernkraftwerk noch mehr als vier Mia Jahre funktionieren wird. Die erwähnte Atomenergie wird beim Durchdringen des Sonnenkörpers nach außen in elektromagnetische Wellenstrahlung umgewandelt und überwiegend von der Photosphäre bei einer Temperatur von etwa 5700 °C in den Weltraum abgegeben. Die Abbildung 9 veranschaulicht in groben Zügen den Aufbau des Sonnenballs (siehe auch Seite 25).

Die extraterrestrische Spektralverteilung der Sonnenstrahlung folgt aufgrund des Planckschen Gesetzes etwa der Temperatur eines schwarzen Körpers von 6000° (Abb. 10), Kurve 1. Die Kurve 2 beschreibt die tatsächlich terrestrische Sonnenstrahlung. Die Unterschiede zwischen den beiden Kurven rühren davon her, daß Sonnenstrahlung außerhalb der Photosphäre absorbiert wird, z. B. in der Sonnenchromosphäre und dadurch bereits verändert den Außenrand der Atmosphäre erreicht. Das Maximum der sogenannten extraterrestrischen (außerhalb der Erdatmosphäre) Sonnenstrahlung liegt bei etwa 470 nm = 0,47 μm. Der

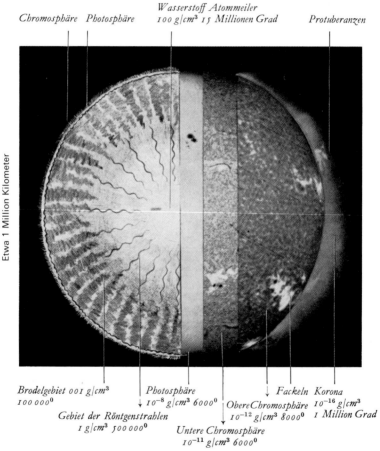

Abb. 9
Das Modell der Sonne. Rechts: Die verschiedenen Schichten nach fotografischen Aufnahmen. Links: Schnitt durch die Sonne. Literatur: O. Kiepenheuer 1957: Die Sonne. Bd. 68, Verständl. Wiss. Springer-Verlag.

Tabelle 2 auf Seite 14 zufolge ist die Sonne, von einem Beobachter außerhalb der Atmosphäre betrachtet, weißbläulich. Sie ist nicht tiefblau, weil die Strahlung im grünen und roten Spektralbereich ebenfalls am Zustandekommen der Farbe beteiligt ist. Diese Farbmischung läßt die Sonne weißlich mit Blauton erscheinen. In der Farbtafel läge der Punkt für die Sonnenfarbe demnach nur wenig links unterhalb des Weißpunkts, was eine Sättigung von nur wenigen Prozenten bedeutet.

Die gesamte sichtbare Strahlung erreicht die Erdoberfläche. Das Maximum der Sonnenstrahlung, die maximale spektrale Empfindlichkeit des menschlichen Auges und die optimale Durchlässigkeit der Atmosphäre für die Sonnenstrahlung fallen, grob gesehen, etwa zusammen.

Die Kurve 4 auf der Abbildung 10 zeigt die spektrale Verteilung der Sonnenstrahlung nach dem Durchdringen der Erdatmosphäre. Sie ist

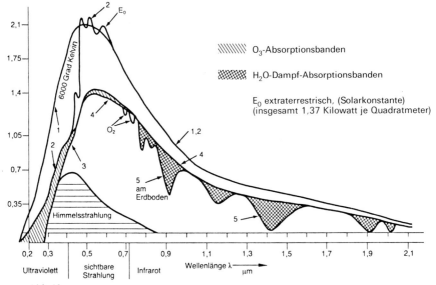

Abb. 10
Spektrale Energieverteilung der Sonnenstrahlung in Watt je Quadratmeter und μm ($1\ \mu m = 10^{-6}$ m). Kurve 1: Strahlung (Schwarzkörperstrahlung) für die Temperatur von 6000 °C. Kurve 2: Extraterrestrische (das ist die am Außenrand der Atmosphäre ankommende) Sonnenstrahlung. Kurve 3: Subozonale (das ist die unter der 15 bis 50 km über dem Erdboden befindlichen Ozonschicht ankommende) Sonnenstrahlung. Kurve 4: Sonnenstrahlung an der Erdoberfläche unter der Voraussetzung, daß die Atmosphäre keine Aerosol(Dunst)-Partikeln enthält, bei einer Sonnenhöhe von 60 Grad. Kurve 4: dasselbe mit Berücksichtigung der Absorption der sichtbaren Sonnenstrahlung durch Ozon- und Sauerstoff. Kurve 5: dasselbe mit Berücksichtigung der Wasserdampfabsorption.
E_o = Extraterrestrische Sonnenstrahlung, O_3 = Ozon, H_2O-Absorptionsbanden = Wasserdampfabsorption.
Literatur: K. Bullrich (1982): Engeneering Meteorology, Chapter II, Editor E. Plate. Elesevier-Verlag.

gültig für eine Sonnenhöhe von 50 Grad und eine normal getrübte dunsthaltige Atmosphäre. Zu sehen ist, daß das Maximum der Sonnenstrahlung nicht mehr im Wellenlängenbereich bei 0,47 μm zu finden ist, sondern im Bereich bei 0,55 μm, d.h. die Sonne ist gelbgrün geworden (Tab. 2). In der Farbtafel läge der Sonnenfarbenpunkt nun fast senkrecht oberhalb des Weißpunkts. Wiederum ist er nicht weit von diesem entfernt, weil die Sättigung sehr gering ist. Der Beobachter kann in der Tat eine blaßgrünliche Farbe der Sonne feststellen. Nähert sich die Sonne dem Horizont, so verlängert sich der Weg der Sonnenstrahlung durch die Atmosphäre. Die Einwirkung der Atmosphäre auf die Farbe der Sonne ist jedermann bekannt. Auf dem langen Lichtweg wird der Blauanteil der Sonnenstrahlung herausgestreut (Kap. 4, Seite 44). Die Sonne wird rot und nimmt eine kräftige Farbe an. In der Farbtafel läge der Sonnenfarbenpunkt in diesem Fall rechts vom Weißpunkt und etwa in der Mitte zwischen der Spektralkurve und dem Weißpunkt. Das bedeutet eine Sättigung von etwa 50%.

Die Himmelsstrahlung bei Tage

Auf der Abbildung 10 ist für eine Sonnenhöhe von 50 Grad und normale atmosphärische Dunsttrübung das Spektrum der Himmelsstrahlung unter der waagrecht schraffierten Fläche skizziert. Die Spektralkurve gilt für die Himmelsgegend gegenüber der Sonne, d.h., die der Sonne abgewandten jenseits des Zenits. Die Strahlung ist geringer als die der Sonne, aber, die Strahlung über den Gesamthimmel addiert, immerhin noch von derselben Größenordnung. Auffallend ist besonders, im Vergleich zur Farbe der Sonne hinter einer getrübten Atmosphäre, die spektrale Verschiebung zum kurzwelligeren Teil des Spektrums, d.h. zur blauen Farbe hin. Das Maximum ist bei etwa 0,48 μm Wellenlänge und etwa ⅔ näher am Weißpunkt als an der Spektralkurve der Farbtafel zu finden. Messungen und Berechnungen zeigen, daß die farbtongleiche Wellenlänge für Himmelspunkte nahe am Horizont länger ist, als an Himmelsgegenden weiter oberhalb des Horizonts, selten aber Wellenlängenwerte von 0,5 μm überschreitet («Blaugrün»), wobei die Sättigung allerdings von etwa 25% auf 10 bis 5% beträchtlich abnimmt.
Auf der Abbildung 11 sind Rechenergebnisse der Himmelsstrahlung für eine Himmelshälfte bei einer Sonnenhöhe von 30 Grad und mittlerer atmosphärischer Trübung dargestellt. Die Übereinstimmung mit Meßergebnissen ist befriedigend. Siehe hierzu die Fotografie des Gesamthimmels, Abbildung 12.
Auf die Ursache der Farbänderungen von Sonne und verschiedenen Himmelsgegenden bei verschiedenen Sonnenständen und Trübungszuständen der Atmosphäre wird im Kapitel 4 eingegangen.

Zur Sonnenphysik

Sterne, wie auch unsere Sonne, entstehen aus lokalen Verdichtungen interstellarer Gas- und Staubwolken. Warum das so ist, ist nicht geklärt. Schon zufällige Verdichtungen der Materie um einen Faktor 10 genügen, einen «Gravitationskollaps» hervorzurufen, d. h. die Verdichtung kontrahiert weiter aufgrund ihrer Eigengravitation. Schließlich erreichen Dichte und Temperatur so hohe Werte, daß die Wasserstoffusion einsetzen kann. Die im Zentrum durch Kernfusion erzeugte Energie drängt jetzt nach außen und schafft eine Gegenkraft zur gravitativen Kontraktion. Diese wird so lange abgebremst, bis sich ein Gleichgewichtszustand einstellt. Unsere Sonne befindet sich seit etwa 5 Mia Jahren in diesem Zustand. Um die Struktur der inneren Schichten der Sonne theoretisch zu erfassen, bedarf es neben der Kenntnis von Radius, Masse und Strahlung der Sonne weiterer dreier Voraussetzungen, nämlich der Massenerhaltung, der Energieerhaltung und der Erhaltung des hydrostatischen Gleichgewichtes.

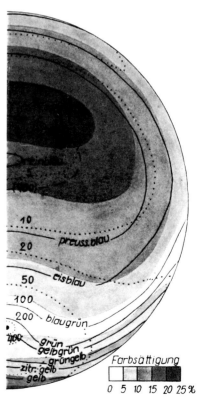

Abb. 11
Berechnete Verteilung von Farbe und Leuchtdichte am Himmel am Tage bei 30 Grad Sonnenhöhe.
Ausgezogene Linien: Linien gleicher Farbtöne (farbtongleiche Wellenlängen λ_F) punktierte Linien: Leuchtdichte, Schattierungen: Farbsättigung.
Die Bezeichnungen beziehen sich hier auf folgende Wellenlängen (Tab. 2):

Farbton	λ_F (in nm)
Reinblau	478
Preußischblau	482
Eisblau	487
Blaugrün	505
Grün	540
Gelbgrün	562
Grüngelb	570
Zitronengelb	572
Gelb	575

Die berechneten Werte können mit der Farbaufnahme der Abbildung 12 verglichen werden.
Literatur: F. Volz 1954: Die Farbenfotografie in der atmosphärischen Optik. Fotografie und Wissenschaft, Jahrgang 3, S. 8.

Abb. 12
Tiefblauer Himmel in 1000 m Höhe. Die Farbsättigung ist hoch, trotz einer geschlossenen Schneedecke, die das Sonnenlicht unbunt in die Atmosphäre reflektiert. Letzteres bewirkt eine besonders deutliche Aufhellung mit Herabsetzung der Farbsättigung in Horizontnähe, auf dem vorliegenden Foto auf der der Sonne gegenüber liegenden Himmelszone. Der Himmel wird dort blasser.

Auf die Einzelphänomene, die das ganze System in Gang halten, kann hier nicht eingegangen werden. Jedoch ist eine Bemerkung zur letztgenannten Voraussetzung nötig. Der Gleichgewichtszustand besteht darin, daß in jeder Zone des Sonneninneren die Schwerkraft, die die Sonne kontrahierend zu verkleinern sucht, ebenso groß sein muß wie der Druck des heißen Gases, zusammen mit dem Strahlungsdruck, welche in Richtung einer Expansion der Sonne wirken. Die Astrophysik kommt

aufgrund dieser Tatsache zum Ergebnis, daß die Temperatur im Sonneninneren höher als 10 Mio Grad sein muß.
Als nächstes stellt sich das Problem, wie eigentlich die im Sonneninneren hohe innere Energie (Wärmeenergie) nach außen transportiert wird. Für diesen Transportmechanismus gibt es drei prinzipielle Möglichkeiten, nämlich Wärmeleitung, Konvektion und Strahlung. Die Wärmeleitung spielt im Sonnenball keine Rolle. Der Energietransport durch Strahlung, bei dem die durch Kernfusion (siehe unten) frei werdenden Energie- bzw. Lichtquanten mit Partikeln wechselwirken, benötigt vom Sonnenzentrum bis zur Oberfläche etwa eine Mio Jahre.
Die Wechselwirkung besteht in andauernder Absorption der Lichtquanten durch Materieteilchen und anschließender Lichtquantenemission.
Die Energiequelle entsteht im Sonneninneren aus dem sogenannten Proton-Proton-Zyklus. Vier Wasserstoffkerne verschmelzen unter Energieabgabe zu einem Heliumkern. Dieser Kernprozeß des gigantischen Sonnenkraftwerks verändert die chemische Zusammensetzung des Sonnenzentrums. Der Wasserstoff ist im Laufe der bisherigen Lebenszeit der Sonne auf etwa die Hälfte zurückgegangen, entsprechend stieg der Heliumgehalt an. Aber es wird sich während der nächsten 4 Mia Jahre für unseren Planeten sonnenphysikalisch nichts ändern.
Der Energietransport in den äußeren Schichten der Sonne unterhalb der Photosphäre geht durch Konvektion vor sich. Hier sind Dichte und Temperatur, verglichen mit den Zuständen im Sonneninneren, stark abgesunken. Das hat zur Folge, daß die im Sonneninneren ionisierten Wasserstoff- und Heliumkerne nun freie Elektronen für sich abfangen. Dadurch werden sie elektrisch-elektronisch neutral. Damit ist ein starker Temperaturanstieg verbunden, wobei die Dichte nicht zunimmt. Die äußere Schicht der Sonne wird thermisch instabil, wodurch sich gewaltige Konvektionsbewegungen auslösen, verbunden mit vertikalem Materieaustausch. Im Vergleich hierzu: um viele Größenordnungen bescheidener geht er unter bestimmten meteorologischen Voraussetzungen auch in unteren Schichten der Atmosphäre vor sich. Die Konvektion ist um so turbulenter, je größer die Temperaturunterschiede der einzelnen vertikal angeordneten Schichten sind. Wichtig ist, daß oberhalb, also weiter außen am Sonnenrand, das Temperaturgefälle wieder abnimmt, somit die Konvektion vermindert und der Energietransport völlig von der Strahlung übernommen wird.
In der sich an die Konvektionszone nach außen anschließenden Strahlungsschicht von nur etwa 500 km Höhe, das ist die Photosphäre, werden Temperaturen von nur fast 6000 Grad gemessen. Diese Schicht emittiert aufgrund des Planckschen Strahlungsgesetzes elektromagnetische Strahlung im Wellenlängenbereich, wie weiter oben schon bemerkt, von etwa 0,2 bis etwa 100 μm.
Oberhalb, d.h. weit außen zum Sonnenrand hin gerichtet, sind die noch weniger materiedichten Schichten der Sonne. Da ist zunächst die

Chromosphäre. Bei Sonnenfinsternissen ist sie bei der Abdeckung der Sonnenscheibe, einschließlich der Photosphäre, durch den Mond als schmaler farbiger rosaroter Lichtsaum zu sehen. Ihre Ausdehnung ist raschen und örtlichen Schwankungen unterworfen; sie gleicht einem großflächigen Grasbrand. Infolge ihrer gegenüber der Photosphäre geringeren Dichte strahlt sie mit ihren etwa 4500 Grad drei bis vier Zehnerpotenzen weniger aus als die Photosphäre und ist somit für Farbphänomene während der irdischen Dämmerung nicht verantwortlich.

Dasselbe gilt für die Sonnenkorona. Diese äußerste Schicht der Sonne ist zeitlich-örtlich sehr variabel und umschließt manchmal das gesamte Sonnenplanetensystem. Ihre Temperatur beträgt mehr als eine Million Grad. Infolge der sehr geringen Materiedichte strahlt sie aber so wenig, daß wir auf der Erde davon nichts püren.

Partikelstrahlung, d.h. Ausschleudern von Materieteilchen (Korpuskeln), auch als Sonnenwind bezeichnet, also nicht elektromagnetische Wellenstrahlung, hat großartige optische Erscheinungen während der Dämmerung und in der Nacht zur Folge. Das Nordlicht oder Polarlicht entsteht in etwa 100 km Höhe durch Korpuskularstrahlung, welche den irdischen atomaren Sauerstoff, die irdischen Stickstoffmoleküle und die von der Sonne her stammenden Wasserstoffatome durch Materiebeschuß zum Leuchten anregen (Seite 93, Kapitel 7).

3
Der vertikale Aufbau der Atmosphäre

Der vertikale Aufbau der Atmosphäre übt auf die Entstehung der Dämmerungsfarben starken Einfluß aus. Er ist in meteorologischen Lehrbüchern oft in überhöhten Schnittdarstellungen wiedergegeben, die der Anschaulichkeit dienen. Der Teil der Erdatmosphäre, in dem sich das Wetter abspielt, die etwa 15 Kilometer hohe Troposphäre (Abb. 13), ist im Vergleich mit dem Erddurchmesser eine hauchdünne Schicht. Auch die Satelliten und die Kosmonauten im «All» befinden sich noch in unmittelbarer Erdnähe.
Die unterste Luftschicht in Erdbodennähe wird als planetare Grenzschicht bezeichnet, auch als Reibungs- oder Ekmanschicht. Hier spielt der Einfluß der Reibung der Luft am Boden eine ausgeprägte Rolle. Über dieser 1000 bis 2000 m mächtigen Schicht, in der sich das menschliche Leben vorwiegend abspielt, weht der Wind nicht mehr mit einer Komponente zum tiefen Druck hin gerichtet, sondern parallel zu den Linien gleichen Luftdrucks (isobarenparallel).
Die Stockwerkeinteilung der Atmospähre in Troposphäre, Stratosphäre, Mesosphäre, erfolgt meist nach dem charakteristischen Temperaturprofil in diesen Schichten. In der Tropsophäre, die je nach geografischer Breite eine vertikale Erstreckung von 8 km (hohe Breiten) und 18 km (niedrige Breiten) hat, nimmt die Temperatur im allgemeinen zwischen 0,6 und 1 Grad je 100 m Höhe ab (Abb. 13). Je nach Wetterlage kann sie mit der Höhe aber auch in bestimmten Schichten konstant bleiben (Isothermie) oder sogar beträchtlich zunehmen (Temperaturinversion). Solche Inversionen sind fast stets in Hochdruckgebieten zu finden, aber auch in der bodennahen Luftschicht, wenn sich die Erdoberfläche abkühlt und somit ein Wärmefluß von oben nach unten erfolgt.
Normalerweise nimmt die Temperatur in der Troposphäre im wolkenlosen Raum um 1 Grad je 100 m ab (trockenadiabatisch) um 0,6 Grad je 100 m im Nebel- oder Wokenraum (feucht-adiabatisch). Durch die je nach Wetterlage herrschende vertikale Temperaturschichtung kommt es zu vertikalen Luftbewegungen. Sie sind, mit Ausnahme in Gewittern, stets um Größenordnungen kleiner als die horizontalen. Sie spielen aber im Wettergeschehen eine entscheidende Rolle und beeinflussen ebenso wie die Art der Luftschichtungen die Himmelsfarbe. Zu ergänzen ist, daß nach der erwähnten Temperaturabnahme mit der Höhe in der Troposphäre eine wenige Kilometer mächtige Isothermie folgt, der untere Teil der Stratosphäre bei einer Temperatur von etwa minus 50 Grad. Über dieser Schicht nimmt die Temperatur in der Stratosphäre wieder zu und weist in etwa 50 km Höhe, in der Stratopause, ein

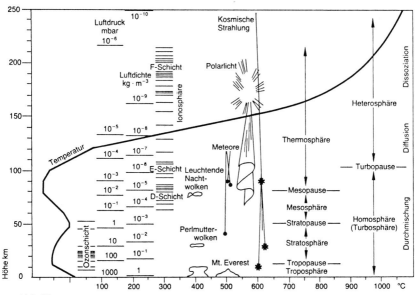

Abb. 13
Vertikaler Querschnitt durch die Atmosphäre. Dargestellt sind Temperatur, Luftdruck, Luftdichte in verschiedenen Höhen und Lage der verschiedenen Schichten der Atmosphäre. Das Wettergeschehen spielt sich fast ausschließlich in der Troposhäre und dort meist in den unteren 6 km ab. Dagegen sind für die Dämmerungserscheinungen ebenso auch höhere Luftschichten bis zu etwa 85 km Höhe verantwortlich (Polarlicht und Nachthimmelslicht stammen aus Höhen zwischen 70 und 100 km, das Zodiakallicht aus dem interplanetarem Raum). Über die vertikale Verteilung der Aerosolpartikeln in Tropo- und Stratosphäre, die für die Ursache der Dämmerung wichtig ist, siehe ausführlicher im Kapitel 4, Abbildung 22.
Literatur: K. Bullrich 1981, Atmosphäre und Mensch, Umschau-Verlag, S. 31.

Maximum auf mit Temperaturen, wie sie an der Erdoberfläche herrschen. Diese Temperaturzunahme wird durch die Absorption ultravioletter Strahlung durch das dort schon vorhandene Ozon (O_3) hervorgerufen. Das Konzentrationsmaximum der Ozonschicht liegt in etwa 20 bis 25 km Höhe. Es ist jedoch starken zeitlichen und räumlichen Schwankungen unterworfen. Die Existenz der Ozonschicht ist für alles irdische Leben Voraussetzung, da das vom Ozon absorbierte Ultraviolett C (Sonnenstrahlung mit Wellenlängen kürzer als 0,28 μm) unverträglich ist.
Wie wir noch im Kapitel 4 sehen werden, wirkt sich die Anwesenheit des Ozons in dieser Schicht sehr stark auf die Farbe des Dämmerungshimmels aus.
Auf die ebenso wichtige vertikale Schichtung der Aerosolpartikelchen, des Dunstes, wird im Kapitel 4 eingegangen (Abb. 22).

Die geometrisch-astronomischen Bedingungen für die beleuchtete Atmosphäre bei und nach Sonnenuntergang

Nach Sonnenuntergang ist der Himmel keineswegs dunkel oder gar schwarz. Das liegt daran, daß höhere und hohe Luftschichten noch von der Sonne bestrahlt werden, während der Beobachter in Erdbodennähe sich bereits im Erdschatten befindet, d. h. keine direkte Sonnenstrahlung empfängt. Das Auge nimmt jedoch die über ihm beleuchteten atmosphärischen Luftschichten noch längere Zeit nach Sonnenuntergang farbig wahr, im Sommer in 50 Grad geografischer Breite etwa drei Stunden, im Winter etwa zwei Stunden nach Sonnenuntergang. Kurz nach Ablauf dieser Zeit werden schließlich keine Farben mehr wahrgenommen. Je tiefer die Sonne unter den Horizont sinkt, um so höhere Luftschichten werden über dem Beobachter direkt angestrahlt. Das Licht aus diesen Schichten gelangt durch komplizierte Streulichtprozesse (Kap. 4) farbig zum Beobachter. Aus geometrischen Verhältnissen läßt sich der Zusammenhang zwischen dem Sonnenstand unter dem Horizont und der Höhe der noch direkt beleuchteten Schicht über dem Beobachter berechnen.

Die folgende Abbildung 14 veranschaulicht die Bestrahlungsverhältnisse der Erdkugel durch die parallele Sonnenstrahlung. Die Sonnenstrahlung kommt auf dieser Darstellung (willkürlich angenommen) von rechts. Sie beleuchtet den Teil der Erdkugel, die der Sonne zugewandt ist. Dort ist «Tag». Die andere Seite des Erdballs liegt im Erdschatten, dort ist «Nacht». Zwischen der Tag- und der Nachtseite ist der Bereich des «Zwielichts», der Bereich der Dämmerung. Während eines bestimmten Zeitintervalls werden noch nach Sonnenuntergang höhere und hohe Schichten der Atmosphäre angestrahlt, die dem Beobachter noch sichtbar sind. Eine scharfe Grenze zwischen Tag und Nacht gibt es deshalb nicht. Wenn schließlich die Sonne so tief unter den Horizont gesunken ist, bis nur noch allerhöchste atmosphärische Luftschichten beleuchtet werden, so wird deren Leuchtdichte schließlich vom Auge nicht mehr wahrgenommen.

Die vertikale Ausdehnung der Atmosphäre wurde auf der Abbildung 13 sehr stark überhöht dargestellt. Diese Atmosphäre, die meteorologisch nur in weniger als 20 km Höhe für das Wettergeschehen wirksam ist, sorgt für die mannigfachen farbigen Dämmerungserscheinungen. Darüber hinaus ist sie aber durch Lichtstreuprozesse einfacher und höherer Ordnung (Kap. 4) bis zu Höhen von weit mehr als 50 km für den Beobachter an der Erdoberfläche optisch wirksam. Das bedeutet, daß noch am späten Abend, u. U. zwei bis drei Stunden nach Sonnenuntergang, Himmelsfarben sichtbar sind.

Wie im Kapital 4 eingehender beschrieben wird, spielt der Winkel, unter dem die Sonnenstrahlung die Atmosphäre, bzw. den Beobachter erreicht, eine wichtige Rolle. Die geometrische Anordnung der Lichtstrahlen hat maßgeblich physikalische Konsequenzen für die Erzeugung der Himmelsfarbe in den verschiedenen Regionen des Himmelsgewölbes. Zur Veranschaulichung sind auf der Abbildung 15a verschiedene Streuwinkelbereiche angedeutet, φ_1, φ_2, φ_3.

φ_1 bedeutet kleiner Streuwinkel; die unter diesem Winkelbereich gestreute Strahlung wird als Vorwärtsstreuung bezeichnet. Der Winkelbereich φ_2 steht für das nach den Seiten hin gestreute Licht (Seitwärtsstreuung). Der unter der Winkelbezeichnung φ_3 angegebene Winkelbereich umfaßt die großen Streuwinkel; dieser Bereich wird Rückwärtsstreuung genannt.

Zum weiteren Verständnis der farbigen Erscheinungen während der fortschreitenden Dämmerung diene die folgende Abbildung 15b. Sie zeigt schematisch-geometrisch, wie höhere Schichten der Atmosphäre nach Sonnenuntergang noch von der direkten Sonnenstrahlung erfaßt werden, während der Beobachter an der Erdoberfläche sich nicht mehr im direkten Sonnenlicht befindet. Der Erdschatten ist nicht schwarz, denn er wird noch durch Lichtstreuung schwach beleuchtet und dadurch sichtbar.

Den Beobachter in B_1 erreichen die direkten Sonnenstrahlen nicht mehr. Schaut er nach oben zum Zenithimmel nach I, so durchläuft sein Blickstrahl die kürzeste Wegstrecke durch die Atmosphäre. Die von der Sonne von der Atmospähre zerstreute Strahlung erreicht ihn unter dem Winkel (Streuwinkel) von annähernd 90 Grad. Blickt der Beobachter

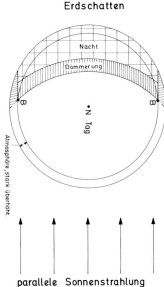

Abb. 14
Schaubild über Tag, Nacht und Dämmerung auf der Nordhalbkugel im Sommer. B = Beobachter an der Erdoberfläche beim Sonnenuntergang. Für den Beobachter direkt sichtbare Atmosphäre nach Sonnenuntergang.
Literatur: G. Dietze 1957: Einführung in die Optik der Atmosphäre, Kap. 11. Akadem. Verlagsges. Geest u. Portig, Leipzig.

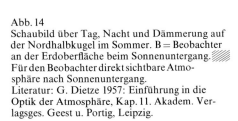

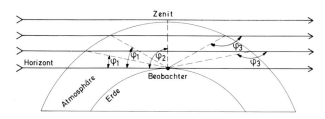

φ_1 kleine Streuwinkel ca. 0-30°, starke Vorwärtsstreuung
φ_2 Streuwinkel ca. 90°, Seitwärtsstreuung
φ_3 Streuwinkel ca. 150-180°, starke Rückwärtsstreuung

$>\!\!\!\longrightarrow$ parallele Sonnenstrahlung
$----$ von der Atmosphäre zum Beobachter gestreute Strahlung

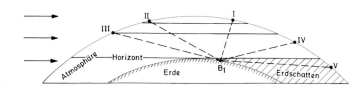

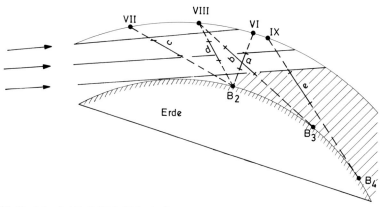

Abb. 15a (oben), 15b (Mitte), 16 (unten)
Vertikalschnitte durch die Atmosphäre. Schaubild über die Strahlengänge von Sonnen- und Himmelstrahlung während der fortschreitenden Dämmerung.
$\Longrightarrow$ parallele Sonnenstrahlung und von der Sonne direkt bestrahlte Atmosphäre während der Dämmerung (nach Sonnenuntergang). ▧ nicht direkt bestrahlte Atmosphäre (Nacht). B = Positionen des Beobachters während der fortschreitenden Dämmerung. Literatur: wie Abbildung 14. Text siehe Seiten 32 und 34. Detaillierte Beschreibung bei P. Gruner 1942: Handb. der Geophysik VIII, Bd. II, S. 81, S. 464ff. (Herausgeber: F. Linke, Bornträger, Berlin).

nach II oder III oder IV, so ist der Blickweg länger. Im Fall II und III erreicht ihn in der Atmosphäre gestreute indirekte Sonnenstrahlung unter kleinerem Streuwinkel als 90 Grad. Wendet der Beobachter den Blick in Richtung V, so sieht er in den Erdschatten hinein, der sich bei fortschreitender Dämmerung an der der Sonne entgegengesetzten (gegenüberliegenden) Himmelsgegend vergrößert. Siehe hierzu die Abbildungen 43 ff. auf der Seite 73.
Der weiteren Erläuterung über die Strahlengänge von Sonnen- und Himmelsstrahlung diene die Abbildung 16.
Eine höhere Schicht wird vom Beobachter in B_2 in Richtung VI auf der Weglänge a durchschaut; dieselbe in der Richtung VII auf der Weglänge c. Der Beobachter in B_3 durchblickt sie in Richtung VIII auf der Weglänge b und derjenige in B_4 in Richtung IX auf der Weglänge e.
Die Menge des von der Schicht gestreuten Lichts in der Blickrichtung B_2-VI ist in der von der Sonne noch bestrahlten Schicht a wegen der kurzen Wegstrecke relativ gering. Sieht der Beobachter von B_2 nach VII, so ist die Wegstrecke c länger als die von a, der Streuwinkel in Richtung VII kleiner als in Richtung VI. Schaut der Beobachter von B_3 nach VIII, so ist die durchblickte Schicht b länger als d von der Position B_2 aus. a ist für den Beobachter bei B_2 noch direkt beleuchtet, der Streuwinkel größer als im Falle B_2-VII. Betrachten wir den Beobachter bei B_4, der in Richtung IX schaut, so ist der Streuwinkel von der Schicht c aus in Richtung B_4 noch größer, jedoch die längste Wegstrecke e nicht mehr direkt von der Sonne bestrahlt.
Die Dicke der strahlungsschwächenden trübenden Schicht ist hier als konstant angenommen worden. Somit ist die Wegstrecke der Strahlen durch die Schicht wegen der Streuwinkeländerung variabel. Bei einer maßstabgerechten Skizze der Abbildungen 15 und 16, die hier technisch nicht möglich ist, kämen die eben geschilderten Wegstrecken- und Streuwinkelverhältnisse noch anschaulicher und deutlicher zum Ausdruck. Eine Dunstschicht in etwa 20 km Höhe über der Erdoberfläche hat im Vergleich zum Erdradius nur eine winzige Ausdehnung und läge bei maßstabgerechter Darstellung fast unmittelbar am Erdboden.
Befindet sich in der höheren Atmosphäre eine Dunstschicht, wie sie z. B. in etwa 20 km Höhe anzutreffen ist oder die bei etwa 25 km befindliche Ozonschicht, so gelten folgende Überlegungen.
Die Schicht ist auf der folgenden Abbildung 17 durch die gewellte Linie markiert. Diese Skizze möge das Verständnis der in den Kapiteln 4 bis 7 zu behandelnden Themen erleichtern.
Sehr hoch gelegene Dunstschichten, auch die sogenannten leuchtenden Nachtwolken (Kap. 7) haben eine sehr geringe Teilchenanzahldichte. Unter Teilchenanzahldichte versteht man die Anzahl von Aerosolpartikelchen je cm^3. Diese sind für unser Thema die wichtigen lichtstreuenden Partikeln. Hohe Dunstschichten, wie z. B. die leuchtenden Nachtwolken, sind nur bis zu einem dem Punkt B entsprechenden Höhenwin-

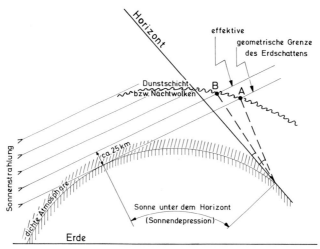

Abb. 17
Sichtbarkeit von sehr hohen Dunstschichten (z. B. leuchtenden Nachtwolken in etwa 80 km Höhe) und Grenzen des Erdschattens. Derart hohe, von der Sonne beleuchtete Schichten können nur bis zu einem Punkt B entsprechenden Höhenwinkel, nicht aber bis zum geometrischen Schattenrand A gesehen werden. Die das sichtbare Licht streuenden Dunstschichten (hier Beispiel der Nachtwolken) werden demnach nur durch Sonnenstrahlen ausreichend beleuchtet, welche die Atmosphäre oberhalb von 25 km durchlaufen haben (darunter werden die Strahlen auf ihrem langen Weg durch die Atmosphäre ausgelöscht).⁓⁓Dunstschicht in größerer Höhe.
Literatur: F. Volz 1966: Leuchtende Nachtwolken, Umschau in Wiss. und Technik 24, S. 789.

kel, der effektiven Grenze des Erdschattens, nicht aber bis zum geometrischen Schattenrand A zu sehen. Diese hohe, hier in 82 km Höhe angenommene Schicht wird demnach nur durch Sonnenstrahlen für unser Auge sichtbar beleuchtet, wenn die Atmosphäre oberhalb von etwa 25 km Höhe vom Sonnenlicht durchstrahlt wird; darunter ist sie so dicht, daß die von oben kommende relativ schwache Streustrahlung auf dem Weg zum Beobachter dort bis zur Unsichtbarkeit abgeschwächt wird. Die Atmosphäre ist auf der Skizze etwa 30mal überhöht gezeichnet.
Die Tabelle 3 gibt als praktische Hilfe die Sonnendepression in Abhängigkeit von der Zeit nach Sonnenuntergang (bzw. vor Sonnenaufgang) für die Deklination δ (δ = Winkelabstand der Sonne vom Himmelsäquator; (δ schwankt mit der Jahreszeit: Winter $\delta = -23°$, Äquinoktien $0°$, Sommer $+23°$) der Sonne für die geografischen Breiten 45, 50 und 55 Grad wieder. Sonnendeklination und Datum sind in der nachfolgenden Hilfstabelle zu finden (Tab. 4).

Tabelle 3
Bestimmung der Sonnenhöhe aus der Zeit in Stunden (st) und Minuten (m) vor, bzw. nach Sonnenuntergang, und aus der Sonnendeklination für die geographische Breite von 45°

Deklination der Sonne	−23°	−20°	−16°	−12°	−8°	−4°	0°	+4°	+8°	+12°	+16°	+20°	+23°
Sonnenhöhe	st m	st m	st m	st m	st m	st m	st m	st m	st m	st m	st m	st m	st m
0°	0	0	0	0	0	0	0	0	0	0	0	0	0
−1°	7	7	6	6	6	6	6	6	6	6	6	7	7
−2°	14	13	12	12	12	12	11	11	12	12	12	13	14
−3°	20	19	18	18	17	17	17	17	18	18	18	20	21
−4°	26	25	24	24	23	23	23	23	23	24	25	27	28
−5°	33	31	30	30	29	28	28	28	29	30	31	33	35
−6°	39	37	36	35	34	34	34	34	34	36	38	41	43
−7°	45	43	42	41	40	40	40	40	41	42	44	48	50
−8°	51	49	48	47	46	46	46	46	47	48	51	55	58
−9°	58	55	54	53	51	51	51	51	52	54	58	1 03	1 06
−10°	1 04	1 01	1 00	58	57	57	57	57	59	1 01	1 05	1 10	1 14
−11°	1 10	1 07	1 05	1 04	1 03	1 03	1 03	1 03	1 05	1 08	1 12	1 18	1 23
−12°	1 16	1 13	1 11	1 10	1 09	1 09	1 09	1 09	1 11	1 14	1 18	1 25	1 32
−13°	1 22	1 19	1 17	1 15	1 14	1 13	1 13	1 14	1 18	1 21	1 26	1 34	1 41
−14°	1 28	1 25	1 23	1 21	1 20	1 20	1 20	1 20	1 24	1 28	1 33	1 42	1 51
−15°	1 34	1 31	1 29	1 27	1 26	1 26	1 26	1 26	1 31	1 35	1 40	1 50	2 01
−16°	1 40	1 37	1 34	1 32	1 31	1 31	1 32	1 33	1 37	1 42	1 48	1 59	2 13

Tabelle 3a
Bestimmung der Sonnenhöhe aus der Zeit vor, bzw. nach Sonnenuntergang, und aus der Sonnendeklination für die geographische Breite von 50°

Deklination der Sonne	−23°	−20°	−16°	−12°	−8°	−4°	0°	+4°	+8°	+12°	+16°	+20°	+23°
Sonnenhöhe	st m	st m	st m	st m	st m	st m	st m	st m	st m	st m	st m	st m	st m
0°	0	0	0	0	0	0	0	0	0	0	0	0	0
−1°	7	7	7	7	6	6	6	6	7	7	7	7	7
−2°	15	14	14	13	13	12	12	13	13	14	14	15	15
−3°	22	21	21	19	19	19	18	19	20	20	21	23	24
−4°	30	29	27	26	25	25	25	26	26	27	28	30	31
−5°	37	36	34	32	32	32	31	32	32	33	34	37	39
−6°	44	43	40	38	38	38	38	38	39	40	42	46	48
−7°	52	50	47	45	44	44	44	45	45	46	49	54	57
−8°	58	57	53	51	50	50	50	51	52	54	57	1 03	1 07
−9°	1 05	1 03	1 00	58	56	56	57	58	1 00	1 04	1 12	1 17	
−10°	1 11	1 09	1 06	1 04	1 03	1 03	1 03	1 05	1 07	1 13	1 21	1 27	
−11°	1 18	1 16	1 13	1 10	1 09	1 09	1 09	1 10	1 12	1 16	1 21	1 30	1 37
−12°	1 25	1 23	1 19	1 16	1 15	1 15	1 16	1 17	1 19	1 23	1 29	1 43	1 52
−13°	1 32	1 30	1 26	1 22	1 22	1 22	1 21	1 23	1 26	1 31	1 39	1 54	2 08
−14°	1 40	1 36	1 31	1 29	1 29	1 28	1 28	1 30	1 33	1 40	1 50	2 06	2 24
−15°	1 47	1 43	1 38	1 35	1 34	1 34	1 34	1 37	1 41	1 48	1 57	2 16	2 39
−16°	1 53	1 48	1 44	1 41	1 40	1 40	1 41	1 45	1 48	1 56	2 08	2 28	2 59

Tabelle 3b
Bestimmung der Sonnenhöhe aus der Zeit vor, bzw. nach Sonnenuntergang, und aus der Sonnendeklination für die geographische Breite von 55°

Deklination der Sonne	−23°	−20°	−16°	−12°	−8°	−4°	0°	+4°	+8°	+12°	+16°	+20°	+23°
Sonnenhöhe	st m	st m	st m	st m	st m	st m	st m	st m	st m	st m	st m	st m	st m
0°	0	0	0	0	0	0	0	0	0	0	0	0	0
−1°	10	9	8	7	7	7	7	7	7	8	8	9	10
−2°	19	17	16	15	15	14	14	14	14	15	17	17	19
−3°	27	26	22	22	21	21	21	21	21	23	26	27	30
−4°	36	33	31	30	29	28	28	28	29	32	34	36	40
−5°	45	41	38	37	36	35	35	35	37	40	43	46	51
−6°	53	50	46	45	42	42	42	43	44	48	51	57	1 03
−7°	1 01	58	53	51	50	49	49	50	52	55	1 00	1 08	1 16
−8°	1 09	1 04	1 01	59	56	56	56	58	1 00	1 04	1 09	1 19	1 30
−9°	1 17	1 13	1 08	1 06	1 04	1 03	1 03	1 05	1 09	1 11	1 18	1 31	1 47
−10°	1 25	1 21	1 15	1 12	1 10	1 09	1 10	1 12	1 16	1 20	1 28	1 43	2 05
−11°	1 33	1 28	1 22	1 19	1 17	1 16	1 18	1 19	1 23	1 29	1 38	1 57	2 30
−12°	1 40	1 36	1 29	1 26	1 24	1 24	1 26	1 28	1 32	1 38	1 48	2 14	4 00
−13°	1 48	1 43	1 37	1 34	1 31	1 31	1 33	1 35	1 39	1 48	2 02	2 33	
−14°	1 55	1 50	1 44	1 40	1 37	1 38	1 40	1 42	1 48	1 58	2 15	2 58	
−15°	2 03	1 57	1 51	1 47	1 44	1 45	1 48	1 50	1 57	2 09	2 30	3 05	
−16°	2 10	2 04	1 58	1 54	1 51	1 52	1 55	1 59	2 07	2 20	2 49		

Tabelle 4
Deklination Sonne in Winkelgraden und Datum

Januar	1	−23	Mai	1	15	September	1	8
	6	−23		6	16		6	7
	11	−22		11	18		11	5
	16	−21		16	19		16	3
	21	−20		21	20		21	+1
	26	−20		26	22		26	−1
	31	−18		31	22			
Februar	1	−17	Juni	1	22	Oktober	1	−3
	6	−16		6	23		6	−5
	11	−15		11	23		11	−7
	16	−13		16	23		16	−9
	21	−12		21	23		21	−11
	26	−09		26	23		26	−12
							31	−14
März	1	008	Juli	1	23	November	1	−14
	6	−6		6	23		6	−16
	11	−4		11	22		11	−17
	16	−2		16	21		16	−19
	21	+0		21	21		21	−20
	26	+2		26	20		26	−21
	31	+4		31	18			
April	1	4	August	1	18	Dezember	1	−22
	6	6		6	17		6	−22
	11	8		11	15		11	−23
	16	10		16	14		16	−23
	21	12		21	12		21	−23
	26	13		26	11		31	−23
				31	9			

Schattengrenze. Refraktion

Die Höhe der beleuchteten Schicht nach Sonnenuntergang läßt sich für eine gedachte luftfreie Atmosphäre berechnen. Ein solches einfaches trigonometrisches Rechenergebnis ist aber nur grob approximativ anwendbar, weil es eben den luftfreien Raum nicht gibt. Die Atmosphäre muß berücksichtigt werden.
Hinzu kommt, daß der Effekt der Mehrfachstreuung des Lichtes (Seite 52) durch das Aerosol in der Atmosphäre eine scharfe Grenze der Höhe der beleuchteten Schicht verwischt (Kap. 4). Die Mehrfachstreuung bewirkt, daß an der Schattengrenze stets noch Licht in die unter ihr liegenden atmospärischen Schichten einfällt. Diese Verwischung ist um so stärker, je dunsthaltiger die Atmosphäre ist. Die folgenden Zahlen in der Tabelle 5 geben einen Anhaltspunkt für die senkrecht über dem Beobachter (Zenit) befindliche Sonnenschattenschicht in Abhängigkeit von der Sonnendepression (Stand der Sonne unter dem Horizont in Winkelgraden) und für die Himmelsgegend 22½ Grad über dem Horizont über der untergegangenen Sonne.

Tabelle 5

Sonnendepression in Grad	Höhe der Schattenschicht im Zenit in km	Höhe der Schattenschicht in 22½ Grad über dem Horizont
1	3–5	1–1,2
2	8–10	2–2,5
2,5	11–13	2,6–2,8
3	13–15	3,4–3,6
3,5	15–17	3,8–4,2
4	17–21	4,4–5
4,5	20–24	4,9–5,3
5	23–28	5,9–6,5
5,5	25–31	6,7–7,3
6	28–35	7,6–8,4
6,5	höher als 35	

Außerdem ist das Phänomen der Refraktion zu beachten. Die Refraktion ist ein Synonym dafür, daß die Sonnenstrahlung in der Atmosphäre unter der Voraussetzung eines langen Strahlungsweges der Beugung unterliegt. Die Refraktion ist also bei unmittelbar in Horizontnähe stehender Sonne und nach Sonnenuntergang wirksam. Eine kleine Skizze in sehr stark vergrößertem Maßstab kann dies erläutern (Abb. 18).
Wenn es auch für die Erklärung der Dämmerungserscheinungen nicht wesentlich ist, so mag die Refraktion doch im Rahmen des Buches interessant sein. Deshalb scheint hier eine Anmerkung zur Refraktion angebracht.
In einer planparallelen Atmosphäre verlaufen alle von der Sonne kommenden Lichtstrahlen geradlinig. Eine Atmospähre mit gedachter konstanter Dichte mit dem Dichtewert in Erdbodennähe hat die Höhe

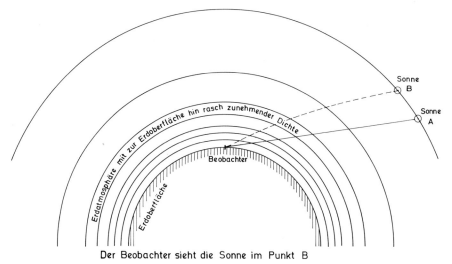

Abb. 18
Querschnitt durch die Erdatmosphäre als Schaubild zur Erläuterung der Refraktion. Siehe Text S. 38, 39.

von 8 km. Ein am Erdboden einfallender, vom Horizont herkommender tangentialer Strahl würde am Oberrand der Atmosphäre mit der Normalen mit den Flächen in gleicher Dichte einen Winkel von 89 Winkelgraden und 38,5 Bogenminuten einschließen. Das ist eine Folge der Erdkrümmung. Der Lichtweg in der Atmosphäre ist dann etwa 320 km lang. In der tatsächlichen Atmosphäre fällt die von außen kommende Sonnenstrahlung allmählich von Schichten geringer Luftdichte in solche größerer ein und wird dabei zum Einfallslot hin gebeugt. Sie wird konkav nach unten abgelenkt. Dadurch wird der Unterschied zwischen der außerhalb der Atmosphäre beobachteten Zenitdistanz und der des am Erdboden tangential ankommenden Sonnenstrahls kleiner. Er hat nicht mehr den Wert von ½ Bogenminuten, sondern etwa 36 Bogenminuten (30 Bogenminuten sind ½ Grad). Ein unendlich weit gedachter Stern ist demnach noch sichtbar, wenn er bereits 36 Bogenminuten, also etwa 0,6 Grad unter dem Horizont steht. Man bezeichnet dieses Phänomen als astronomisch-atmosphärische Refraktion. Dementsprechend wird das Sonnenbild bei Sonnenuntergang angehoben. Die Sonne mit ihrem Durchmesser von ½ Grad befindet sich bereits vollständig unter dem Horizont, wenn ihr unterer Rand für den Beobachter gerade unter dem Horizont verschwindet. Diese Anhebung infolge Strahlungsbeugung in der Atmosphäre ist nur bei sehr geringen Gestirnshöhen über dem Horizont meßbar bemerkenswert. Sie ist schon bei einem Grad Höhe über dem Horizont fast

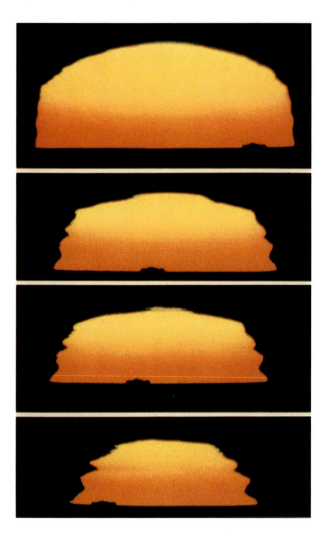

Abb. 19
Schaubild zur Erläuterung der Refraktion und des grünen Strahls.
Auf dem Foto, aufgenommen vom Astronomischen Observatorium des Vatikans, ist das Versinken der roten Sonne zeitlich vor der gelben zu sehen. Die Abweichung von der Kugelform rührt nicht nur von der «scheinbaren Abplattung» der Sonne, sondern auch von der nicht homogenen Refraktion infolge Temperatur- und Dichteanomalien der untersten atmosphärischen Schichten her. Das gilt besonders für den gezackten Sonnenrand. (Am unteren Rand der untergehenden Sonne ist ein vorüberfahrendes Schiff auf dem Foto zu sehen.)

nicht mehr beobachtbar. Das hat zur Folge, daß bei sehr tiefstehender Sonne deren oberer Rand weniger gehoben wird als der untere Rand. Dadurch kommt die scheinbare Abplattung der Sonnenscheibe beim Sonnenunter- und Aufgang zustande (Abb. 19).
Der Beobachter sieht infolge der Strahlungsrefraktion die Sonne etwas höher über dem Horizont als sie sich wirklich befindet. Die Sonne geht infolgedessen etwas später unter als astronomisch bedingt. Das bedeutet, daß die Höhe der beleuchteten Schicht etwas höher liegt als in einem gedachten atmosphärelosen Erdplaneten.
Als Ergänzung zur Refraktion sei noch ein kleiner Exkurs zum «grünen Strahl» erlaubt. Er kann unmittelbar am oberen Rand der soeben untergehenden Sonnenscheibe beobachtet werden. Diese Erscheinung hat mit den farbigen Dämmerungserscheinungen keinen unmittelbaren Zusammenhang.
Der vorhin erwähnte Beugungseffekt (atmosphärische Refraktion) ist, wenn auch nur geringfügig, wellenlängenabhängig. Die Strahlenablenkung ist im blauen Wellenlängenbereich etwas größer als im roten. Das hat zur Folge, daß die obere Partie des «roten» Sonnenballs ein wenig eher unter den Horizont sinkt als der grüne und blaue (Abb. 19). Er wird im Rot weniger refraktionsbedingt angehoben. Mit anderen Worten: Der obere rote Rand der Sonnenscheibe verschwindet um Augenblicke vor dem des grünen und dieser ebenso kurz vor dem des blauen. Während der äußerste obere Sonnenrand unter dem Horizont versunken ist, ist der grüne für Sekundenbruchteile noch zu sehen. Dieses Phänomen wird als grüner Strahl bezeichnet. Der noch etwas später verschwindende, also noch eine kurze Weile verbleibende blaue Oberrand der Sonne wird dem Auge nicht sichtbar. Die die untergehende Sonne umgebende Himmelsfarbe ist bläulich. Dadurch ermangelt es an einem für das Auge wahrnehmbaren Farbkontrast zwischen blauem Oberrand der untergehenden Sonne und der Himmelsfarbe.
Der grüne Strahl ist nur für beobachtungsgeübte und beobachtungspassionierte Augen zu sehen und nur bei sehr dunstarmer, also bei sehr klarer Atmosphäre.

4
Die spektrale Lichtstreuung und die Lichtabsorption in der Atmosphäre. Die Molekülatmosphäre und das atmosphärische Aerosol

Dieses Kapitel enthält weitere Informationen, die zur Erklärung der Dämmerungserscheinungen notwendig sind.
Die von außen in die Atmosphäre eindringende Sonnenstrahlung wird in der Atmosphäre verändert. Somit erreicht den Beobachter am Erdboden Sonnenstrahlung, die sich stark von der extraterrestrischen unterscheidet. Das gilt für Farbe und Helligkeit. Der Unterschied zwischen der extraterrestrischen und der den Beobachter erreichenden hängt von der Sonnenhöhe, der Höhe des Beobachters über dem Meeresniveau und von der Beschaffenheit der Atmosphäre ab. Je näher die Sonne dem Zenit ist, um so kürzer ist der Weg der Sonnenstrahlen durch die Atmosphäre zum Beobachter. Dasselbe gilt, wenn sich der Beobachter auf einem Berg oder in einem hoch fliegenden Flugzeug befindet. In beiden Fällen kommt die die Strahlung verändernde Wirkung der Atmosphäre weniger zum Zuge. Außer dieser Strahlenweglänge zum Beobachter, die sich aus geografischen und astronomischen Gegebenheiten ergibt, müssen die sehr komplizierten physikalischen und chemischen Voraussetzungen, und deren Gesetzmäßigkeiten für die Atmosphäre, bekannt sein. Sie liegen der Strahlungsschwächung (Extinktion) durch Strahlungsstreuung und Energieumwandlung der Strahlung zugrunde. Was geschieht mit der im Kapitel 2 vorgestellten Sonnenstrahlung im sichtbaren Spektralbereich, dem Licht, in der Atmosphäre? Um auf diese Frage eingehen zu können, müßte zunächst bekannt sein, was die Erdatmosphäre eigentlich ist. Hierzu genügen im Zusammenhang mit dem Thema der vorliegenden Abhandlung nur einige prinzipielle Bemerkungen.
Die Atmosphäre ist ein Gasgemisch, das hauptsächlich aus Stickstoff und Sauerstoff besteht. Für diese aus Gasmolekülen und kleinen Molekülklustern bestehende Luft gelten bestimmte Gesetze der Lichtschwächung durch Lichtzerstreuung (Streuung) und Lichtabsorption. Jedoch sind in dieser reinen Molekülatmosphäre, auch als Rayleighatmosphäre benannt, gröbere Partikelchen, auch als Dunst- oder Aerosolpartikeln bezeichnet, zu finden. Diese sogenannten Aerosolpartikeln schweben im Trägergas. Das Trägergas plus Aerosolpartikeln bezeichnet man als Aerosol. Für das Aerosol gelten andere Gesetze der Lichtschwächung durch Streuung und Absorption als für eine reine Molekülatmosphäre.

Die Lichtschwächung durch Lichtstreuung in der reinen Molekülatmosphäre

Bei der allein an den Luftmolekülen gedachten Streuung findet einzig eine Ablenkung des Lichts aus seiner ursprünglichen Richtung ohne Änderung der Wellenlänge oder Umwandlung in eine andere Energieform statt. Bevorzugt aus der ursprünglichen Richtung abgelenkt und damit geschwächt, wird der kurzwellige Spektralanteil des Lichts. Formal ausgedrückt: Die Streuung erfolgt umgekehrt proportional der 4. Potenz der Wellenlänge. Der kurzwellige Anteil des Lichts, das violette und blaue Licht, wird sehr viel stärker geschwächt. Es wird aus dem direkten Sonnenstrahl, der zum Beobachter gerichtet ist, stärker herausgestreut als das rote. Bei niedrigen Sonnenhöhen über dem Horizont ist die das blaue Licht bevorzugte Strahlungsschwächung, die Strahlungsextinktion, infolge des langen Strahlungswegs durch die Atmosphäre besonders groß. Bei untergehender Sonne wird die wellenlängenabhängige Strahlungsextinktion immer wirksamer. Die violetten, blauen und auch grünen Farbtöne werden aus der direkten Sonnenstrahlung ausgelöscht. Es wurde schon im Kapitel 2 vermerkt, daß dadurch die Sonne am Horizont eine rote Färbung aufweist.

Ehe auf die Beimengungen von gröberen Partikeln in der reinen Atmosphäre eingegangen wird, sei die winkelabhängige Zerstreuung des Lichts an den Luftmolekülen erwähnt. Die Streuung ist in Richtung der einfallenden Sonnenstrahlung beim Streuwinkel 0 Grad (Vorwärtsstreuung) und dieser 180 Grad entgegengesetzt, also beim Streuwinkel 180 Grad, Rückwärtsstreuung, gleich groß. Hingegen streuen Luftmoleküle das Licht seitlich unter dem Streuwinkel von 90 Grad, Seitwärtsstreuung, nur halb so viel wie in die vordere und rückwärtige Richtung. Das hat zur Folge, daß in 90 Grad Entfernung von der Sonne der Himmel bei reiner Molekülstreuung, Rayleighstreuung, am dunkelsten sein müßte, tiefblau-violett gefärbt mit höchster Farbsättigung. In der Tat ist dies in sehr reiner Luft, z.B. im Hochgebirge, annähernd zu beobachten (Abb. 12).

Die Lichtstreuung an Aerosolpartikeln (Dunst)

Wie bemerkt, sind in der reinen Molekülatmosphäre Partikelchen zu finden. Ihr Radius liegt zwischen etwa 0,03 μm und 15 μm. Die kleinen Aerosolteilchen sind sehr viel zahlreicher als die großen, was auf der Abbildung 20 dargestellt ist. Die Abbildung 20 veranschaulicht den Zusammenhang zwischen der Anzahl der Aerosolpartikeln und ihres Radius'. Dort ist auf der Ordinate logarithmisch die Anzahl der Partikeln je cm^3 aufgetragen. Sie bezieht sich auf das logarithmische Radiusintervall der Partikeln. Der Partikelradius ist in logarithmischem Maß-

Abb. 20
Größenverteilung der natürlichen Aerosolpartikeln in der unteren Troposphäre (Kurven 1 bis 4). Ordinate: Partikelanzahldichte je logarithmisches Radiusintervall und Volumeneinheit cm³. Abszisse: Radius. Logarithmische Koordinaten. Parameter: Kurven 1, 2 und 3 gelten für verschiedene kontinentale regionale Luftmassen, Kurve 4 gilt für Luft über Ozeanen, Kurve 5 gilt für stratosphärische Luft.
Literatur: R. Jaenicke 1978: Aitken particle size distribution. «Meteor» Forsch.ergebnisse Reihe B. Nr. 13, 1.

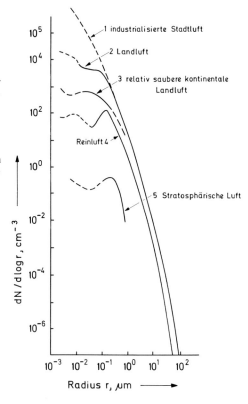

Modell-Grössenverteilung (Anzahl vert.)

Abb. 21
Modell-Größenverteilung der atmosphärischen Aerosolpartikeln in der Troposphäre. Ordinate rechts: Oberflächenverteilung der Partikeln (dS) je cm bezogen auf den Logarithmus des Partikelradius (d log r). Ordinate links: Teilchenanzahlverteilung (dN) je logarithmisches Partikelradiusintervall (d logr).
——— Maritimes Aerosol, ⁓⁓⁓ Kontinentales, - - - - Reinluft, ▨ Seesalzaerosolpartikeln plus Reinluftpartikeln.
Literatur: R. Jaenicke 1980: Atmospheric Aerosols and Global Climate. J. Aerosol Sci. 11, 577.

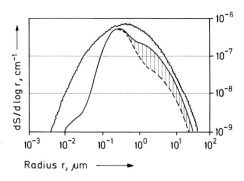

Abb. 22
Vertikale Verteilung (Höhenverteilung) von Aerosolpartikeln, gewonnen aus optischen Messungen.
Ordinate: Höhe in km, Abszisse (logarithmisch): Partikelanzahl je cm³.
Die Anzahl der Partikeln in der Stratosphäre kann nach Vulkanausbrüchen (mit einem mittleren Fehler von 50%) beim Punkt a), 2 Jahre nach Vulkanausbrüchen beim Punkt b) abgelesen werden. Die Schwankungsbreite a)〰〰b) gilt für die Höhen von etwa 16 bis 23 km. Literatur: G. Steinhorst 1977: Stratospheric Aerosol Concentration from Twilight Polarization Measurements. Beitr. Phys. d. Atm. 50, 508.

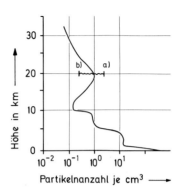

Abb. 23
Modell-Oberflächengrößenverteilung der Aerosolpartikeln in der Stratosphäre. Ordinate: dS bezogen auf d log r cm⁻¹, Abszisse: Radius der Partikeln (logarithmisch).
Literatur: wie Abbildung 21.

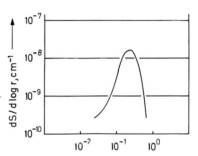

Abb. 24
Etwaige Verweilzeit von Aerosolpartikeln (Ordinate) in verschiedenen atmosphärischen Höhenschichten in Abhängigkeit von ihrem Radius (Abszisse). Logarithmische Maßstäbe. Parameter: Kurve 1 in der Stratosphäre. Kurve 2: in der Tropopause. Kurve 3: in der mittleren Troposphäre. Kurve 4: in der untersten Tropophäre.
Literatur: H. R. Pruppacher and J. D. Klett 1978: Microphysics of Clouds and Precipitation. D. Reidel, Publ. Dordrecht.

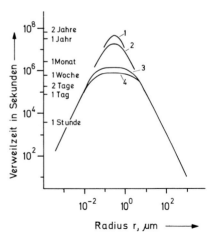

1 Stratosphäre
2 Tropopause
3 Mittlere Troposphäre
4 Unterste Troposphäre

stab auf der Abszisse zu finden. Es ist ersichtlich, daß Anzahl und Größe der Partikeln eine sehr große Variationsbreite aufweisen. Außerdem unterliegen sie je nach Erdteil, Höhe über der Erdoberfläche und Wetter, starken zeitlichen und regionalen Schwankungen.
Zur Erläuterung der für das Entstehen der Himmelsfarbe bei Tag und während der Dämmerung so wichtigen Aerosolteilchen sind 3 Abbildungen angefügt. Auf der Abbildung 21 ist ein Modell der atmosphärischen Aerosolpartikeln aufgezeichnet, was sich auf ihre radiusabhängige Oberfläche S bezieht. Die Partikeloberfläche ist für optische Effekte wirksam und praktisch brauchbarer als die Partikelanzahldichte. Diese Abbildung gilt für die Troposphäre. Die beigefügte Illustration, (Abb. 23) ist für die Stratosphäre gültig. Besonders während der fortgeschrittenen Dämmerung, bei Sonnentiefen größer als 2 Grad unter dem Horizont, spielt das stratospärische Aerosol eine wichtige Rolle. Es unterscheidet sich vom troposphärischen beträchtlich, wie aus dem Vergleich der 2 Abbildungen zu erkennen ist.
Die Abnahme der Teilchenzahl je Volumeneinheit mit der Höhe über der Erdoberfläche wurde schon im Kapitel 3 angedeutet. Auf der Abbildung 22 ist auf der Abszisse die Teilchenanzahl in verschiedenen Höhen, Ordinate, eingetragen. Bei vulkanisch ungestörter Situation sind in 20 km Höhe etwa 0,2 Partikeln je cm^3 anzutreffen und 7 je cm^3 nach Vulkanausbrüchen. (Die Schwankungsbreite ist durch Querbalken angegeben).
Über die Lebensdauer der Aerosolpartikeln gibt die folgende Abbildung 24 Auskunft. Auf der Ordinate ist die Lebensdauer angegeben, auf der Abszisse der Radius der Partikeln. Die 4 Parameterkurven beziehen sich auf verschiedene Höhenintervalle der Atmosphäre.
Tabelle 6 gibt Aufschluß über die Produktion von Aerosolpartikeln aus verschiedenen natürlichen und anthropogenen Quellen.

Tabelle 6[1]
Aerosolpartikelproduktion aus verschiedenen Quellen, angegeben in Millionen Tonnen je Jahr.

a) Natürliche Quellen	
Seesalz	180
Mineralstaub	60– 300
Vulkane	15– 90
Biologisches Material	(80)
Waldbrände	3– 150
Zwischensumme	258– 720
Aus der Gasphase, Sulfate	130– 200
Aus der Gasphase, Nitrate	140– 700
Aus der Gasphase Kohlenwasserstoffe	75– 200
Zwischensumme	345–1100
Gesamtsumme a)	603–1820

Aerosolpartikeln in der Atmosphäre

b) Vorwiegend aus menschlicher Tätigkeit stammende Partikeln

Von Natur aus festflüssig	6– 54
Aus der Gasphase, Sulfate	130– 200
Aus der Gasphase, Nitrate	30– 35
Zwischensumme	175– 325
Gesamtsumme b)	181– 379
b) in Prozenten von a)	30– 21%
Gesamtsumme a) plus b)	784–2199
b) in Prozenten der Gesamtsumme von a) plus b)	27–17%.

[1]) Die Zahlen wurden aus dem SMIC-Report zusammengestellt (Inadvent Climate Modification 1971, MIT Press, Cambridge, Mass. USA) und entnommen aus R. Jaenicke 1980, Atm. Aerosols and Global Climate, J. Aerosol Sci., 11, 577.

Die Zahlenangaben sind mit großen Unsicherheiten behaftet und die Zwischensummen z.T. neu geschätzte Werte. Das ergibt sich auch aus dem Vergleich mit Veröffentlichungen anderer Autoren. Die hier wiedergegebenen Zahlen beziehen sich auf den Partikelgrößenbereich jener Teilchen, die in der Atmosphäre weltweit transportiert werden können. Diese sind insbesondere wichtig für die Dämmerungserscheinungen während des Purpurlichts und zeitlich danach. Man sieht, daß der Mensch immerhin für etwa 20% der Aerosolpartikelproduktion verantwortlich ist. Sie vollzieht sich größtenteils in den industriellen Ballungsgebieten, die nur wenige Prozente der Gesamterdoberfläche bedecken. Die Angaben über die anthropogenen Partikeln sind weit weniger unsicher als die über die Partikeln aus natürlichen Quellen.
Neuerdings weiß man auch, daß Insekten und andere Kerbtiere verschiedenster Art mit Hilfe der Konvektion in höhere Luftschichten getragen werden. Der größte Teil kommt nach Sonnenuntergang wieder in die Nähe der Erdoberfläche zurück. Sie werden nach Sonntenuntergang von der Sonne angestrahlt und senden farbiges Streulicht zum Beobachter, allerdings wohl nur mit geringer Intensität. In Ausnahmefällen können jedoch Farbanomalien durch diese Millionen von Kerbetieren in der Luft, auch noch während der Dämmerung, entstehen. Wahrscheinlich sind sie oftmals für die Erscheinung der UFOs mitverantwortlich (unbestimmte fliegende Objekte, fliegende Untertassen?)[1])
Im Gegensatz zur spektralen Schwächung des Lichts in der reinen Atmosphäre extingieren die Aerosolpartikeln den kurzwelligen Anteil nur wenig bevorzugt. Während wir in der reinen Atmosphäre eine Lichtschwächung durch Streuung umgekehrt proportional der 4. Potenz der Wellenlänge feststellten, folgt die Lichtschwächung in einem Aero-

[1]) Literatur: David Barr, «Das Tier», Juni 1981.

solpartikelkollektiv etwa nur einfach umgekehrt proportional der Wellenlänge. Die Ablenkung des Sonnenlichts aus der ursprünglichen Richtung durch Lichtstreuung an Aerosolpartikeln folgt anderen Gesetzen als denen der Streuung an Luftmolekülen. Die Vorwärtsstreuung unter dem Winkel nahe 0 Grad ist um mehrere Zehnerpotenzen stärker als die Seitwärts(90 Grad)- und Rückwärtsstreuung (180 Grad). Das führt zu der bekannten Erscheinung, daß der Himmel in Sonnennähe sehr hell und weißlich erscheint, dies um so mehr, je mehr Aerosolpartikeln in der Atmosphäre suspendiert sind. Andererseits ist die Rückwärtsstreuung des Lichts an den Aerosolpartikeln etwas größer als die Seitwärtsstreuung. Dadurch wird in einer dunsthaltigen Atmosphäre eine Aufhellung des der Sonne gegenüber befindlichen Horizontes beobachtet (Abb. 12, Seite 26).
Während die Vorwärtsstreuung in einem Aerosolpartikelkollektiv, das etwa der Kurve 2 auf der Abbildung 20 entspricht, im roten Wellenlängenbereich etwas intensiver ist als im blauen, so ist die Streuung im Streubereich von Winkeln größer als 45 Grad, im blauen Spektralbe-

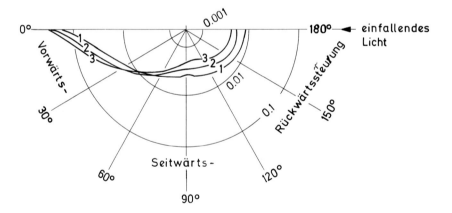

φ   Streuwinkel
0,001, 0,01, 0,1 Strahlungsintensitäten

1   Wellenlänge 0,4 μm (blau)
2   "   0,55 μm (grün)
3   "   0,7 μm (rot)

Abb. 25
Winkelabhängige Streustrahlung, das ist die Streufunktion eines viele atmosphärische Aerosolpartikeln enthaltenden Luftvolumens. 1 gilt für die blaue, 2 für die grüne und 3 für die rote Wellenlänge. Die Streuwinkel von 0 Grad (Vorwärtsstreuung) bis 180 Grad (Rückwärtsstreuung) sind im Polarkoordinatensystem angeordnet. Die Kreise mit den Zahlenwerten von 0,001 bis 0,1 bedeuten Linien gleicher Strahlungsintensität.
Literatur: K. Bullrich 1964: Scattered Radiation in the Atmosphere and the Natural Aerosol. Advance Geophys. 10, 99.

reich stärker als im roten. Dies ist im Zusammenwirken mit der Lichtstreuung an Molekülen für die farbigen Dämmerungserscheinungen wichtig.
Ein Beispiel für die winkelabhängige Streuung eines viele Partikeln enthaltenden Luftvolumens ist auf Abbildung 25 dargestellt.

Das stratosphärische Aerosol und die Vulkantätigkeit

Die Aerosolpartikeln in der höheren Atmosphäre, also in der Stratosphäre (Abb. 22 und 23) verursachen hauptsächlich die Himmelsfarbe während der Dämmerung. Die quasistationäre Aerosolschicht, die sich über Mitteleuropa in etwa 15 bis 23 km Höhe über der Erdoberfläche befindet, ist regionalen und temporären Variationen unterworfen. In dieser Höhe werden mehr Partikeln je Volumeneinheit beobachtet als in der mittleren und hohen Troposphäre. Diese Aerosolschicht verursacht vor allem die eindrucksvolle Erscheinung des Purpurlichts 10 bis 45 Minuten nach Sonnenuntergang in 15 bis 50 Grad über dem Horizont über der untergegangenen Sonne (Kap. 5).
Auch die Größenverteilung der stratosphärischen Aerosolpartikeln ist anders als die etwa in der Troposphäre, Kurve 5 der Abbildung 20. Während dort das Maximum der Partikeln beim Radius von etwa 0,04 μm zu finden ist, wird in der 20 km hohen Aerosolschicht, neben ebenfalls vielen sehr kleinen Teilchen, ein ausgesprochenes Maximum beim Radius 0,3 μm gemessen. Die Anzahl der Partikeln schwankt im Intervall zwischen 0,2 und 7 Teilchen je cm^3. Diese Variation hängt davon ab, ob durch Vulkanausbrüche Material in die hohe Atmosphäre injiziert wurde. Vulkanische Teilchen haben eine durchschnittliche Lebensdauer von 2 Jahren (Abb. 24).
Die weltweite stratosphärische Aerosolschicht wird durch diese Vulkanausbrüche mit Gas, hauptsächlich Schwefeldioxid, schwefelsaure Tröpfchen und festen Partikeln, meist vulkanischer Asche, angereichert. Die normale vulkanische Tätigkeit kann nicht für die Erhaltung der quasistationären Teilchenschicht allein verantwortlich sein. Es bedarf außerdem der globalen Diffusion z. B. von troposphärischem Schwefeldioxid in die Stratosphäre. Ferner findet ein zusätzlicher Transport von Aerosolpartikeln und Schwefeldioxid in der troposphärischen, sog. Hadley-Zelle statt. Letztere ist ein hochreichendes vertikales Zirkulationssystem in niedrigen geographischen Breiten. Aus dem gasförmigen Schwefeldioxid formieren sich größenteils Sulfatteilchen durch Oxidation mit Hilfe der sehr kurzwelligen und intensiven ultravioletten Sonnenstrahlung.
Lidarmessungen an einem Ort zeigen anschaulich Intensität und zeitliche Variation der stratosphärischen Aerosolpartikeln vulkanischen Ursprungs, hervorgerufen durch den Ausbruch des Vulkans St. Helens im Staate Washington im Mai und Juni 1980.

Bei Lidarmessungen wird das an den Partikeln zum Beobachter zurückgestreute künstliche pulsierte Licht gemessen und in Beziehung zur bekannten Rückwärtsstreuung der Luftmoleküle gesetzt. Aus diesem Streuverhältnis kann unter plausiblen Annahmen über die Natur der Partikeln vor allem auf deren Anzahl geschlossen werden.
Auf der Abbildung 26 ist für den Zeitraum vom 15. Juni bis 14. Juli 1980 auf der Ordinate die Höhe über der Erdoberfläche und auf der Abszisse das Streuverhältnis aufgetragen. Diese Ergebnisse wurden also 7 bis 8 Wochen nach der 1. St.-Helens-Eruption gewonnen. Auffallend ist nicht nur die starke Zunahme des Streuverhältnisses, also der Partikelanzahldichte, sondern auch deren räumliche und zeitliche Fluktuationen. Auf Abbildung 27 ist ein Ausbruch des Vulkans St. Helens zu sehen.

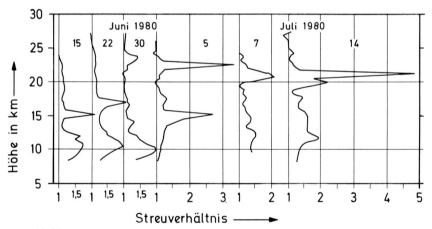

Abb. 26
Formation von Aerosolpartikelschichten in verschiedenen Höhen nach dem Ausbruch des Vulkans St. Helens. Die Konzentration der Partikeln ist in der Form des Streuverhältnisses der Gesamtrückwärtsstreuung des Lichtes zur bekannten Rückwärtsstreuung an Luftmolekülen wiedergegeben. Verwendet wurde ein Rubin-Laser (Wellenlänge 694,3 nm) in Garmisch-P.
Literatur: R. Reiter et al. 1981: Lidar Observations of the Mt. St. Helens Eruption Clouds over Mid-Europe, May to July 1980. Geophysical Research Letters 7, Nr. 12, 1099.

Abb. 27 >
Foto von einem der Ausbrüche des Vulkans St. Helens, geografische Breite 46,2 Grad Nord, Länge 122,2 Grad West. Die Ausbrüche erfolgten am 18. und 24. Mai und am 13. Juni 1980 (alle mit ähnlicher Intensität). Am 26. Mai wurden die aus diesen Ausbrüchen stammenden stratosphärischen Aerosolpartikeln über Mitteleuropa zuerst beobachtet. Man stellte verschiedene Aerosolpartikelschichten zwischen 12 und 24 km Höhe fest, ähnlich wie nach den Ausbrüchen der Vulkane Agung (Bali) 1963 und Fuego (Guatemala) 1974.
(Reproduktion mit freundlicher Genehmigung von COSMOS, Paris. Foto: Roger Werths).

Das mehrfach gestreute Licht

Eine Bemerkung über die sogenannte Mehrfachstreuung ist hier angebracht. Sie ist unter vielem anderen Ursache für die Dämmerungserscheinungen. Wie schon verschiedentlich erwähnt, wird das Sonnenlicht an Luftmolekülen und Aerosolpartikeln zerstreut. Das zerstreute Licht gelangt über den Umweg der mehrmaligen Streuung z. T. in den Weltraum zurück, z. T. aber in Form von Himmelsstrahlung zum Beobachter an die Erdoberfläche. Diese Streuung vollzieht sich jedoch nicht «einfach», sondern in mehrfacher Form. Ausführlicher gesagt: die am und im Aerosol gestreute Sonnenstrahlung gelangt auf mehrfachen Umwegen zum Beobachter (Abb. 28). Ein gedachter Sonnenstrahl fällt auf ein Luftmolekül bzw. Molekülkluster. Von dort kann er z. B. zu einem Aerosolpartikel weitergegeben, d. h. dorthin gestreut werden. Das Aerosolpartikel streut seinerseits die ihm direkt oder indirekt zugeführte

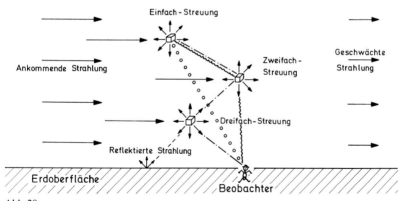

Abb. 28
Schaubild zur Mehrfachstreuung des Lichtes in der Atmosphäre. Das einfallende Sonnenlicht wird wiederholt von einzelnen Luftvolumina nach allen Richtungen gestreut. Es kann den Beobachter direkt, aber auch nach vielen Umwegen erreichen. Das an der Erdoberfläche ankommende Licht wird dort teilweise reflektiert und gelangt zum Teil zum Beobachter als ein Bestandteil der Mehrfachstreuung.

Strahlung zu anderen benachbarten Partikeln. Diese streuen die in zweifacher Art empfangene Strahlung z. B. zum Erdboden hin, wo sie von dort reflektiert wiederum die Atmosphäre erreicht. Dort setzen sich die Lichtstreuvorgänge beliebig oft fort. Das beobachtende Auge am Erdboden nimmt schließlich solches Licht auf, welches viele Umwege durch Streuung erfahren hat. In guter Annäherung genügen Mehrfachstreuprozesse dritter Ordnung, Dreifachstreuung, zur Erklärung der Himmelsstrahlung und deren Färbung. Dabei ist die von der Erdoberfläche reflektierte Strahlung oftmals von entscheidender Bedeutung, wenn stark reflektierendes Erdbodenmaterial vorhanden ist. Frischer Schnee z. B. reflektiert das sichtbare Licht 90- bis 100%ig, Sand etwa 30%ig, Wälder und Wasser weit geringer, 3- bis 8%ig.

Allerdings müssen zur Erklärung der Leuchtdichte des Himmels in Horizontnähe die Streuprozesse vierter und fünfter Ordnung miteinbezogen werden. Das gilt besonders bei stark dunsthaltiger Luft, wo die Streuung höherer Ordnung mehr als den zweifachen Betrag der Streuung einfacher Art erreichen kann. In erster Annäherung gilt, daß die Streuung dritter Ordnung etwa 10% des Betrags der Streuung zweiter Ordnung ausmacht. (Die Streuung vierter Ordnung beträgt 10% von der der dritten Ordnung, usw.). Die Streuungen erster und zweiter Ordnung hängen von der atmosphärischen Trübung und von der Wellenlänge des Lichts ab.

Die Rolle der Lichtabsorption

Die Absorption sichtbarer Strahlung in Aerosolpartikeln spielt zwar im Energiehaushalt der Atmosphäre eine nicht zu vernachlässigende Rolle. Sie ist jedoch zur Erklärung der Himmelsfarbe während der Dämmerung bedeutungslos.
Extinktion durch Absorption bedeutet Lichtschwächung durch Umwandlung von Strahlungsenergie in Wärmeenergie, auch als innere Energie bezeichnet.
Zur Erklärung der Dämmerungsfarben muß auch die Tatsache der Strahlungsabsorption im sichtbaren Wellenlängenbereich Berücksichtigung finden. Sie wird durch den dreiatomigen Sauerstoff, das Ozon hervorgerufen (Abb. 10). Das Ozon hat starke Absorptionsbanden im ultravioletten Spektralbereich. Das bedeutet, daß Strahlung mit Wellenlängen kürzer als 0,29 μm die Erdoberfläche nicht erreicht. Ferner ist jedoch eine sehr schwache Absorptionsbande im gesamten sichtbaren Spektralbereich festzustellen, die sogenannte Chappuisbande. Sie weist Maxima zwischen 0,55 μm und 0,61 μm, also im grünen Spektralbereich auf. Wir erinnern uns, daß bei sehr tiefem Sonnenstand der Blauanteil der Sonnenstrahlung zur direkten Beleuchtung der unteren Atmosphäre, weil ausgelöscht, fehlt. Er wurde aus der Sonnenstrahlung herausge-

streut. Das hat zur Folge, daß während und nach Sonnenuntergang der Himmel theoretisch grün aussehen müßte. Daß er dennoch vorwiegend blau ist, liegt an der Strahlungsabsorption durch das Ozon. In der Chappuisabsortionsbande wird die Strahlung im grünen Wellenlängenbereich so stark absorbiert, so daß sie am Himmel nicht mehr sichtbar vorherrscht. Während die starke Strahlungsabsorption im ultravioletten Spektralbereich durch das Ozon eine sehr starke Erwärmung in der Stratosphäre bewirkt, trägt die Absorption in der Chappuisbande so gut wie nichts zum Wärmehaushalt der Atmosphäre bei.

Die Lichtabsorption durch das Ozon bei tief stehender Sonne, d.h. auf dem langen Strahlungsweg durch die Atmosphäre, bewirkt, daß der Himmel über dem Beobachter auch nach Sonnenuntergang seine vorwiegend bläuliche Färbung beibehält. Ein anderer Effekt der Strahlungsschwächung des Lichts in der höheren Atmosphäre, bewirkt allerdings, daß der Ozoneffekt etwas abgeschwächt wird. Es handelt sich dabei um die Strahlungsstreuung an Aerosolpartikeln in Höhen zwischen 15 und 22 km, wovon schon die Rede war.

5
Das Erscheinungsbild des Ablaufs der Dämmerung

Die Kapitel 1 bis 4 boten die Grundlagen zum Verstehen der farbigen Dämmerung dar. Für dieses zwar alltäglich wiederkehrende, jedoch immer wieder so schöne Naturereignis mögen die vorangegangenen Ausführungen sowohl kritische Neugier geweckt als auch grundlegendes Verständnis besorgt haben. Somit kann – endlich – daran gegangen werden, die farbigen Dämmerungserscheinungen ihrem zeitlichen Ablauf nach zu beschreiben. Ihre Erklärung kann weitgehend auf den Inhalt der vorangegangenen Kapiteln fußen.

Die Dämmerung bei Sonnenhöhen von 10 Grad über dem Horizont bis 2 Grad unter dem Horizont[1])

Einige Zeit vor Sonnenuntergang ist der wolkenlose Himmel mehr oder weniger tiefblau. Die Sättigung der blauen Farbe nimmt mit Annäherung an die Sonne und an den Horizont ab. Dort erscheint das Himmelsblau blasser und auch heller. Wir erinnern uns, daß diese Farbeindrücke aus den 3 Bestimmungsstücken, farbtongleiche Wellenlänge, Farbsättigung und Helligkeit (Leuchtdichte), herrühren.
Der bewölkte Himmel ist zu dieser Zeit meist grau. Dieses Grau erscheint in allen unbunten Helligkeiten, vom beinahe Schwarz bis zum blendenden Weiß. Von den farbigen Erscheinungen des Regenbogens und anderen optischen Phänomenen sei hier nicht die Rede.
Sinkt die Sonne unter 10 Grad über dem Horizont, so beginnen grünliche Farbtöne sichtbar zu werden und zwar beiderseits der Sonne und unter ihr und in Horizontnähe auf der Gegenseite der Sonne («Grüngelb» etwa 570 mμ bis 560 mμ). Nähert sich die Sonne dem Horizont, so sind dort bei gering getrübter Atmosphäre bereits gelbliche Farben erkennbar mit sehr variabler Sättigung (570 bis 577 mμ), (Abb. 29).
Auf diese Tagdämmerung folgt nach Sonnenuntergang die erste Dämmerungsphase, die helle Dämmerung. Sie umfaßt den Zeitraum, währenddessen sich die Sonne zwischen 0 Grad und 2 Grad Sonnentiefe, also 2 Grad unter dem Horizont befindet. Laut Tabelle 3 dauert sie in unseren Breiten im Sommer und Winter etwa 15, im Frühling und Herbst etwa 12 Minuten. Oft erscheinen die Farben in mehr oder weniger schwach ausgeprägten, schmalen, fast horizontalen Streifen. In

---

[1]) Abbildungen 14, 15 und 16.

Abb. 29
Tagdämmerung. Dämmerungshimmel kurz vor Sonnenuntergang. Das Foto stammt vom Bodensee bei stark dunsthaltiger Atmosphäre. Am untersten Horizont erscheinen nicht nur gelbgrüne Farbtöne, sondern auch rotbraune und darüber hellrötliche.
Foto: L. Wackerhagen, Nonnenhorn.

Abb. 30 >
Farben des Himmels bei einer Sonnentiefe von 2 Grad. Die Sonne befindet sich unter dem Horizont des linken Bildrandes. Siehe Text Seite 61 und 63.
Foto: Daniel Schwartz, Zürich, Juli 1980 aus Lavrion-Attika-Griechenland.

unmittelbarer Horizontnähe über der Sonne ist ein sehr helles Gelb zu beobachten, was weiter oberhalb in ein sattes Gelb und schließlich in ein blasseres Grün übergeht. Kurze Zeit später färbt sich der unterste Horizont über der Sonne rot bis orange, also im Wellenlängenbereich 600 bis 590 mμ. Mit sinkender Sonne verlängert sich der Lichtweg der Sonnenstrahlung durch die Atmosphäre. Dadurch vergrößert sich ihre spektrale Schwächung, das blaue Licht wird mehr und mehr durch Streuung aus dem Strahlungsweg herausgefiltert.

Diese Farberscheinungen werden, wie schon im Kapitel 4 erläutert, durch das Zusammenwirken der Lichtstreuung an Molekülen einerseits und an Aerosolpartikeln andererseits hervorgerufen. Die Luftmoleküle

Abb. 31
Dämmerungshimmel mit beginnendem Purpurlicht in Ägypten bei einem Sonnenstand von 2½ Grad unter dem Horizont.
Foto: Anselm Spring, Landsberg.

Farbige Horizontalstreifen 61

Abb. 32
Satellitenfoto. Die Atmosphäre ist großenteils mit Wolken erfüllt, der Himmel im Mittel etwa zu 50 Prozent mit Wolken bedeckt. Je nach Beschaffenheit der Erdoberfläche, Wolkenbedeckung, Dunstgehalt und Sonnenstand reflektiert unser Planet das Sonnenlicht in verschiedenen Farben in den Weltraum teilweise wieder zurück.
Foto: United States International Communication Agency, Bonn.

streuen das Licht sowohl in den vorderen, als auch in den hinteren Halbraum doppelt stärker als nach den Seiten.
Die Aerosolpartikeln dagegen streuen es fast ausschließlich nur nach vorn (Abb. 25). Die Farbanordnung vom Horizont aufwärts in Richtung Zenit läßt sich wie folgt erklären. In unmittelbarer Horizontnähe ist der Weg, auf dem das Licht geschwächt wird, am längsten. Wir sagten schon im Kapitel 2, daß durch die starke Auslöschung des blauen Spektralanteils des Sonnenlichts in der Molekülatmosphäre vom Sonnenlicht nur noch der rote Anteil übrigbleibt. Die horizontnahe Atmosphäre wird also rötlich beleuchtet. Aus dem weißbläulichen Himmel in Horizontnähe wird bei den kleinen Streuwinkeln von 5 bis 10 Grad ein rötlicher bis grünlicher (Abb. 30 und 31). Die farbigen Streifen entstehen durch das zum Beobachter hin gerichtete, an den Aerosolpartikeln gestreute Licht. Diese Partikeln haben ihre größte Konzentration in der bodennahen Luftschicht (Abb. 22) und sind dort meist geschichtet angeordnet. Die streifenförmige Struktur der Farben ist nur schwach oder gar nicht ausgeprägt, wenn sich nur sehr wenige Aerosolpartikeln

Abb. 33
Dämmerung bei einer Sonnentiefe von 3 Grad mit Zirruswolken (hohe Wolken). Sehr hohe Zirruswolken erscheinen noch über eine Stunde nach Sonnenuntergang mit rötlicher Farbe sichtbar, also auch wenn sie nicht mehr vom direkten Sonnenlicht beleuchtet werden, sondern vom rötlichen Abendhimmel.

Abb. 34
Himmel gegenüber der untergehenden Sonne bei aufkommendem Nebel. Anstelle der «Gegendämmerung» bei wolkenlosem Himmel erscheint der Nebelbogen.
Foto aus dem Nordwesten Grönlands.

in der Atmosphäre befinden oder eine überaus große Anzahl die schichtförmige Struktur verwischen läßt.

Wendet der Beobachter seinen Blick vom Horizont weg gegen den Zenit hin, so sieht er nur die höheren, von der Sonne noch beleuchteten atmosphärischen Schichten. Dort ist das Sonnenlicht wegen des kürzeren durchlaufenen Weges weniger rot als in Horizontnähe. Dadurch wird der Himmel vom Horizont in Richtung Zenit auf halbem Wege dorthin zuerst gelb, dann grünlich und schließlich bläulich. Dort erscheint er hell. Diese schmale, helle Übergangszone wird als klarer Schein bezeichnet. Ihm folgt nach oben hin sehr schnell, wie auf Abbildung 30 zu erkennen ist, der Übergang zum dunklen, blauen Himmel infolge seitwärts gerichteter blauer Molekülstreuung. Der klare

Abb. 35
Regenbogen bei untergehender Sonne. Er ist auf der Sonnengegenseite steil aufgerichtet.

Schein ist oval geformt, weil das atmosphärische Streulicht mit zunehmender seitlicher Entfernung von der Sonne und besonders mit zunehmendem Höhenwinkel abnimmt.
Etwa zur Hälfte ist die Erdatmosphäre mit Wolken angefüllt wie z.B. Satellitenfotos zeigen (Abb. 32). Auf diesen Fotos ist auch zu erkennen, daß bei verschiedenen Sonnenhöhen sowohl die Wolken als auch die Erdoberflächen das Sonnenlicht unterschiedlich farblich und hell reflektieren.
Farberscheinungen bei bewölktem Himmel während des angesprochenen Zeitraums illustriert die Abbildung 33. Hier werden verschiedene Wolkenschichten in größerer Höhe über der Erdoberfläche von rötlichem Sonnenlicht angeleuchtet. Die Wolkenwassertröpfchen geben dieses Licht spektral neutral zum Beobachter weiter. Vom Satelliten aus fotografiert, erscheinen die rötlich beleuchteten Wolken, besonders an ihrer unteren Seite, weiß bis rosarot, karminrot. Diejenigen Atmosphärenschichten, die unter größerem Streuwinkel vom Sonnenlicht erreicht werden, sind blau durch atmosphärische Molekülstreuung (Rayleighstreuung) in wolkenloser Atmosphäre.
Bei aufkommendem Nebel ist besonders bei sehr tief stehender Sonne am Gegenhorizont (Sonnengegenseite gegenüber der Sonne) manchmal der farblose Nebelbogen zu sehen (Abb. 34), bei Regen (Abb. 35) der Regenbogen.
Auf der Sonnenseite spielen sich die eben beschriebenen mannigfachen Farberscheinungen ab, die je nach atmosphärischen Verhältnissen und weiträumigen meteorologischen Bedingungen starken Veränderungen ausgesetzt sind. Gleichzeitig beobachten wir in Horizontnähe auf der Sonnengegenseite ebenfalls farbige Dämmerungserscheinungen. Bei Sonnenuntergang setzt die so bezeichnete Gegendämmerung ein (Abb. 36). Ihre Färbung ist nur schwach ausgeprägt, weil die Sättigung der Farben gering ist. In unmittelbarster Horizontnähe ist der Himmel orangefarbig, orangegelb bis orangerot (588 bis 593 mμ). Dieses Orange wechselt nach oben hin (in Richtung Zenit), in Gelb und Grün über. Bei 2½ Grad Sonnentiefe verstärkt sich der Farbeindruck (Abb. 37). Schließlich steigt der Erdschatten auf der Sonnengegenseite empor und verdunkelt dort mehr und mehr den Himmel und damit die Farberscheinungen (Abb. 38 und 39).
Der Erdschatten ist zunächst von grauen Dunststreifen durchsetzt, welche von den bodennahen geschichteten Aerosolpartikeln herrühren. Schließlich wird der Erdschatten bei weiter sinkender Sonne in der Form eines deutlichen graublauen flachen Segmentes sichtbar. Es ist, wie auf den Abbildungen 38 und 39 zu sehen, meist nach oben hin unscharf. Der Schatten ist aber doch deutlich abgegrenzt. Der obere Rand wird als Hauptdämmerungsbogen bezeichnet. Über ihm ist oftmals ein blasser Schein, der sogenannte Widerschein zu sehen.
Für die eben skizzierten Farberscheinungen ist die Kombination der

spektralen, d.h. farbabhängigen Rückwärtsstreuung der Luftmoleküle und der Aerosolpartikeln verantwortlich. Da die Rückwärtsstreuung der Aerosolpartikeln nur sehr gering ist (Abb. 25), die der Luftmoleküle jedoch stärker ausgeprägt, bietet letztere hauptsächlich die Erklärung der Gegendämmerung am Himmel der Sonnengegenseite. Der Weg des Streulichts ist bei der Gegendämmerung sehr lang, die Lichtauslöschung daher beträchtlich. Infolgedessen sind die Farberscheinungen nur schwach und der Himmel nur wenig hell. Die Unschärfe der Phänomene ist durch die Mehrfachstreuung mitbedingt (Kap. 4). Sie ist bei großen Streuwinkeln, also im Rückwärtsstreubereich, im Vergleich zur Einfachstreuung beträchtlich. Bei kleinen Streuwinkeln tritt sie hinter der starken Einfachvorwärtsstreuung zurück.

Der Hauptdämmerungsbogen verschwindet mit zunehmender Sonnentiefe, da die Helligkeitsunterschiede am Himmel, zu dem der Dämmerungsbogen aufsteigt, nur geringfügig sind. Als Ergänzung ein paar Zahlen über die Höhe des Erdschattens in Winkelgraden mit sinkender Sonne:

| Sonnentiefe | 1 | 3 | 5 | Grad |
| Erdschattengrenze | 1,5 | 4 | 9 | km |

Die Erdschattengrenze erscheint übrigens dem Beobachter durch augenphysiologische Phänomene höher als er tatsächlich ist. Man kennt dies aus der Malerei. Die Lichtintensität aus der Himmelsgegend zwischen den eben genannten Zahlen und der eigentlichen geometrischen Erdschattengrenze sinkt infolge der Strahlungsschwächung auf dem langen Lichtweg unter den Schwellenwert der Lichtwahrnehmungsfähigkeit des menschlichen Auges. Die eben mitgeteilten Zahlen können wegen der Mehrfachstreuungsprozesse keine scharfe Grenze charakterisieren.

Bei stark getrübter Atmosphäre ist der Dämmerungsbogen, überhaupt alle Dämmerungserscheinungen, durch Grautöne nur abgeschwächt sichtbar.

Auf der Abbildung 40 ist eine Aufnahme des Vollmondes im Gegendämmerungsschein zu sehen. Der Mond gehört, wenn nicht gerade Neumond ist, zum Tages-, Abend-, bzw. Morgenhimmel. Sein Erscheinen während der Dämmerung und in der Nacht ist oft genug besungen, und auf Malereien ist seine Sichel oft falschherum dargestellt worden.

Der Mond wird von der Sonne bestrahlt und reflektiert das Sonnenlicht in den Weltraum, also auch zum Beobachter an der Erdoberfläche. Die Farbe des Mondes entspricht dabei nicht der Farbe des extraterrestrischen Sonnenlichts. Es ist nicht etwa bläulich, wie wir aufgrund des Kapitels 2 zunächst etwa annehmen könnten. Wie jeder weiß, ist der Mond rötlich. Die rötliche Farbe ist um so ausgeprägter, je näher sich der Mond am Horizont befindet. Das liegt daran, daß der Blauanteil des Mondlichts auf dem mehr oder weniger langen Weg durch die Erdat-

36

37

38

39

Abb. 36, 37, 38 und 39
Farben der Gegendämmerung auf der Sonnengegenseite bei Sonnentiefen von 1 Grad
(Abb. 36), 2½ Grad (Abb. 37), 5 Grad (Abb. 38) und 6 Grad (Abb. 39). Die Himmelsfarben gegenüber der Sonne (Sonnengegenseite) sind vom Erdschatten geprägt. Die Leuchtdichte ist infolge des langen Lichtweges durch die Atmosphäre und der geringen Rückwärtsstreuung des Lichts an den Aerosolpartikeln sehr viel geringer als die Himmelszone über der untergegangenen Sonne. Dementsprechend sind die Farben nicht intensiv. Jedoch sind Leuchtdichte und Farbe am Gegenhorizont kräftiger als auf den seitlichen Himmelspartien. Hier kommt die Seitwärtsstreuung des Lichts zum Zuge, welche sowohl für Luftmoleküle als auch für Aerosolpartikeln am schwächsten ausgeprägt ist.

Abb. 40
Vollmond im Gegendämmerungsschein. Text Seite 65.
Foto: Anselm Spring, Landsberg.

mosphäre weitgehend aus dem Blickstrahl herausgestreut wird. Das wird durch die Luftmoleküle und durch die Dunstteilchen besorgt. Die rote Färbung bleibt, wenn auch abgeschwächt, erhalten. Es handelt sich also um denselben Effekt, wie er bei der Färbung der untergehenden Sonnenscheibe bereits beschrieben wurde.

Die Dämmerung bei Sonnentiefen zwischen 2 Grad und 6 Grad unter dem Horizont[1])

2 Grad Sonnentiefen werden in unseren Breiten entsprechend der Tabelle 3 je nach Jahreszeit in 12 bis 15 Minuten nach Sonnenuntergang erreicht. Für eine Sonnentiefe von 6 Grad werden im Winter etwa 44 Minuten, im Sommer 48 und während des Frühlings und Herbstes 38 Minuten benötigt. Die unteren Atmosphärenschichten geraten mehr und mehr in den Erdschatten. Senkrecht über dem Beobachter (Zenit) werden im genannten Zeitraum Schichten von zwischen 8 und 30 km Höhe beleuchtet. In 22½ Grad über dem Sonnenhorizont erhält die Atmosphäre oberhalb von etwa 2 bis 8 km Höhe noch direktes Sonnenlicht. Das in dieser Höhe entstehende Streulicht durch direkte Beleuchtung gelangt durch die abgedunkelte untere Atmosphäre zum Beobachter. Voraussetzung für farbige Dämmerungserscheinungen ist eine wolkenfreie Atmosphäre über dem ausgedehnten Gebiet, das in Rich-

[1]) Abbildungen 15 und 16.

tung der unter dem Horizont befindlichen Sonne liegt. Schwach ausgeprägte Dämmerungserscheinungen bei wolkenlosem Himmel über dem Beobachter, haben ihre Ursache im Vorhandensein stärkerer Bewölkung auf dem langen Lichtweg zwischen Sonne und beleuchteter Atmosphäre. Aber auch eine sehr starke Dunsttrübung mit ungewöhnlich vielen Aerosolpartikeln setzt die Buntheit und Ausprägung der Phänomene herab. Dies gilt um so mehr, je tiefer die Sonne unter den Horizont sinkt, d. h. je länger der Lichtweg durch die Atmosphäre wird. Die Dämmerungsphase im eben angegebenen Zeitraum nach Sonnenuntergang wird als Hauptpurpurdämmerung bezeichnet, so benannt nach der unter bestimmten Bedingungen sehr auffallenden Erscheinung des Purpurlichtes. Die dort beschriebenen Phänomene haben bei etwa 2 Grad Sonnentiefe ihren Höhepunkt erreicht. Man betrachte sich hierzu die Abbildung 30. Auf dieser Aufnahme kommen die farbigen Horizontalstreifen mit ihren roten, gelben und grünlichen Farbtönen zur Geltung. Über diesen ist der klare Schein deutlich. Darüber jedoch beginnt sich bereits das Purpurlicht auszubilden, denn die Sonne befindet sich während der Aufnahme schon fast 2 Grad unter dem Horizont, nach Sonnenuntergang sind hier etwa 13 Minuten vergangen. Auch die Abbildung 31 bietet ein gutes Beispiel für klassische Dämmerungsfarben bei einem Sonnenabstand, der etwas tiefer ist als der auf der Abbildung 30.
Ehe auf das Purpurlicht näher eingegangen wird, sei eine Bemerkung über die übrigen Dämmerungserscheinungen im genannten Zeitintervall erlaubt. Die eben erläuterten Farberscheinungen verblassen mit zunehmender Sonnentiefe, die Farbsättigung nimmt ab. Dagegen ist bei einer Sonnentiefe von 3 Grad die Gegendämmerung am deutlichsten. Sie erlischt weitgehend bei Sonnentiefen, die größer sind als 5 Grad. Jedoch werden die farbigen Horizontalstreifen am Himmel über der untergegangenen Sonne für kurze Zeit noch einmal rötlich sichtbar. Der Hauptdämmerungsbogen erreicht schließlich den Zenit. Er ist aber nur dort zu erkennen, wo er den Nord- bzw. Südhorizont erreicht. Der Gegendämmerungsschein wird meist ohne scharfe Begrenzung nicht weit von Zenitnähe vermerkt. Ist der Himmel mit mittelhohen oder hohen dünnen Wolken bedeckt, so erzeugt die nun tiefrote Sonnenstrahlung oftmals ein eindrucksvolles Abendrot, was besonders an sehr hohen Zirruswolken noch fast 1½ Stunden beobachtet werden kann, (Abb. 33).

Das Purpurlicht

Das Purpurlicht ist bei Sonnentiefen zwischen 2 und 6 Grad, d. h. in der Zeit zwischen 10 und 50 Minuten nach Sonnenuntergang am Himmel zuerst in 30 Grad über dem Sonnenhorizont und später bei 15 bis 20 Grad zu sehen. Es ist nicht nur ein schönes faszinierendes Naturereignis, sondern dient auch der Analyse der Zusammensetzung stratosphärischer Luftschichten. Falls keine Wolken auf dem weiten Lichtweg zwischen Sonne nach ihrem Untergang und der von ihr beleuchteten Atmosphäre die Lichtausbreitung blockieren, ist das Purpurlicht mehr oder weniger kräftig stets sichtbar. Seine Intensität hängt vom Trübungszustand, also dem Reinheitsgrad der unteren Atmosphäre, und von der variablen Anzahl der lichtstreuenden Aerosolpartikeln in der Atmosphäre oberhalb der Tropopause ab.

Das sogenannte Hauptpurpurlicht beginnt bei einer Sonnentiefe von etwa 2 Grad mit einer zuerst noch eng begrenzten Himmelsfläche hellroter bis scharlachroter Färbung bei etwa 30 Grad über dem Sonnenhorizont. Bei 4 Grad Sonnentiefe hat es sich voll entwickelt. Es hat eine ovale Form und zwar nach den Seiten hin mit größerer Ausdehnung als nach oben. Sein intensivstes Leuchten ist zwischen 15 und 20 Grad über dem Sonnenhorizont zu beobachten. Seine seitliche Ausdehnung beträgt etwa 40 Grad. Erreicht die Sonne die Tiefe von 6 Grad, also etwa ¾ Stunden nach Sonnenuntergang, so ist es noch näher am Horizont zu finden und verblaßt innerhalb weniger Minuten. Die Intensität des Purpurlichts unterliegt jahreszeitlichen Schwankungen. Das Alpenglühen, das hellrot bis purpurne Aufleuchten von beschneiten Berggipfeln oder Gletschern, wird durch das Widerspiegeln des purpurn leuchtenden Himmels hervorgerufen.

Die Entstehung des purpurn gefärbten Dämmerungshimmels

Zur Entstehung des purpurn gefärbten Dämmerungshimmels bedarf es einer trübenden Schicht in der unteren Stratosphäre. Das ist eine Schicht mit vermehrter Anzahl von Aerosolpartikeln, wie sie auf der Abbildung 22 gezeigt wird. Zum besseren Verständnis der Streulichtverhältnisse unter diesen geometrischen Bedingungen sei wiederum auf die Abbildungen 15 und 16 verwiesen.
Schon vor 50 Jahren hatte man erkannt, daß das Purpurlicht, auch als Purpurdämmerung bezeichnet, nur durch die Existenz einer solchen relativ stark getrübten Schicht in Höhen von 15 bis 25 km über der Erdoberfläche zustandekommen kann. Erst 1960 wurde diese Schicht durch Messungen quantitiv nachgewiesen. In den nachfolgenden Jahren setzten vielerlei Forschungsarbeiten, methodisch auf verschiedener Basis, zur Erklärung dieser Schicht ein. Viele Fragen sind immer noch offen. Über Art und Größe der Partikeln wurde schon mit Hilfe der in vorangegangenen Kapiteln gegebenen Abbildungen aufmerksam gemacht. Die Teilchen bestehen hauptsächlich aus Sulfat. Ihre Entstehung kann, grob gesagt, zweierlei Ursachen haben. Aerosolpartikeln werden durch Diffusion während längerer Zeiträume aus der unteren Atmosphäre in die Stratosphäre transportiert. Ferner werden bei Vulkanaus-

Purpurdämmerung 71

Abb. 41 (links)
Dämmerungshimmel kurz vor Einsetzen des Purpurlichts, Sonnentiefe 2 Grad. Laax, Graubünden, 1000 m Höhe, Februar 1975.

Abb. 42 (rechts)
Dasselbe wie 41 jedoch bei der Sonnentiefe von 4 Grad. Das Hauptpurpurlicht hat seinen Höhepunkt erreicht. Die für mitteleuropäische Verhältnisse auffallende Erscheinung des Purpurlichts stammt aus der Streuung stratosphärischer Aerosolpartikeln, produziert durch den starken Ausbruch des Vulkans Fuego, Guatemala, November 1974. Laax, 1975.

brüchen Partikeln und Gase in die Stratosphäre geschleudert. Dort breiten sie sich in Zeitintervallen von Wochen und Monaten in der gesamten höheren Atmosphäre in bestimmten Höhenschichten durch meteorologisch bedingte großräumige Austauschvorgänge rund um die Erde aus. Aus den gasförmigen Bestandteilen bilden sich mit Hilfe der in der hohen Atmosphäre intensiven kurzwelligen Sonnenstrahlung weitere Aerosolpartikeln. Aus dem Beginn eines intensiven Purpurlichts und dem allmählichen Abklingen zum Normalzustand können Aussagen über Ausbreitungsgeschwindigkeit der Aerosolpartikeln in der unteren Stratosphäre gemacht werden. Zugleich geben überwachende Beobachtungen während eines solchen Zeitraumes Auskunft über die Verweilzeit der Partikeln in der hohen Atmosphäre.

Abb. 43, 44 und 45
Dämmerungshimmel vor (43), während (44) und nach dem Hauptpurpurlicht (45). Laax, Graubünden, 28. Oktober 1980. Das Purpurlicht erscheint «vorschriftsmäßig» bei einer Sonnentiefe von 2½ Grad, etwa 20 Minuten nach dem Sonnenuntergang. Es dauert etwa 18 Minuten und verliert rasch an Intensität bei einer Sonnentiefe von 5½ Grad. Es beginnt in etwa 30 Grad über dem Horizont oberhalb der untergegangenen Sonne und verlagert sich während seiner Lebensdauer horizontwärts nach 15 Grad über dem Horizont. Das notwendige stratosphärische Aerosol stammt aus dem Ausbruch des Vulkans St. Helens, Westküste der USA.

43

Abb. 46, 47 und 48
Dämmerungshimmel vor dem Purpurlicht (46), während des Purpurlichts (47) und nach dem Purpurlicht (48) am 29. Oktober 1980 in Laax. Ausgeprägt sind die Farben Blau (vor dem Purpurlicht), Purpur (Hauptpurpurlicht) und wiederum Blau (nach dem Hauptpurpurlicht).

46

74   *Purpurdämmerung*

Die Aerosolpartikeln streuen das empfangene Sonnenlicht fast ausschließlich in den vorderen Halbraum unter Streuwinkeln von wenigen Graden. Blickt der im Erdschatten befindliche Beobachter vom Punkt B2 auf unserer Abbildung 16 nach oben in Richtung VI, so ist die von dort kommende, von der Schicht a seitwärts gestreute Strahlung gering. Schaut der Beobachter von B2 in Richtung VII, so ist die Weglänge in der Aerosolschicht c länger als in der von a.
Ferner erreicht den Beobachter Licht, welches in den vorderen Halbraum gestreut wird. Dennoch kann sich das Phänomen des Purpurlichts noch nicht entwickeln. Das Streulicht aus der Schicht c hat wenig rote

Abb. 49
Ausgeprägtes Purpurlicht 1965, Mt. Haleakala, Maui-Hawaii, 3000 m ü. M.
Foto: R. Eiden, Bayreuth.

Purpurdämmerung   75

Abb. 50 und 51
Abklingendes Purpurlicht
am 29. Dezember 1980, Laax.

Färbung, weil das Sonnenlicht, das den betrachteten Teil der Dunstschicht beleuchtet, nicht den untersten Teil durch die Atmosphäre durchlaufen hat, wo der Blauanteil des Lichts besonders geschwächt wird. Das Licht addiert sich mit demjenigen aus dem Blickweg B2–VI. Dieses ist größtenteils von der Sonne beleuchtet und verursacht dort den klaren Schein, wie wir bereits feststellten.

Befindet sich der Beobachter nach fortgeschrittener Dämmerung beim Platz B3, was der Situation der Purpurdämmerung entsprechen soll, und blickt in Richtung VIII, so haben die Sonnenstrahlen die Dunstschicht auf der Weglänge b durchlaufen. Dieses Licht hat die untersten atmosphärischen Schichten auf langem Weg passiert. Es ist demnach rot. Ferner handelt es sich um Lichtstreuung nach vorn, welche bei den Aerosolpartikeln die größte Intensität besitzt. Das von VIII nach B3 gelangende Licht muß demnach eine intensive rote Farbkomponente aufweisen. Zu diesem Licht addiert sich das aus den oberhalb der Schicht b befindlichen höheren Luftschichten stammende blaue Molekülstreulicht. Die Mischung beider Farben erzeugt das Purpurlicht.

Ist der Beobachter bei B4 angelangt, so kann unter sehr kleinem Streuwinkel (extreme Vorwärtsstreuung) Licht von a nach IX und von dort nach B4 gelangen. Hierzu bedarf es einer sehr ungetrübten unteren Atmosphäre, die dieses Licht auf dem Weg IX–B4 wenig schwächt. Es handelt sich hier also um einen sekundär-optischen Effekt. Dieses so entstehende sogenannte Nachpurpurlicht ist, wenn überhaupt sichtbar, bei einer Sonnentiefe von 9 Grad zu beobachten. D. h., der Beobachter sieht es etwa 1 bis 2 Stunden, je nach Jahreszeit, nach Sonnenuntergang. Der schwache, leicht purpurne Schimmer ist in der Himmelsgegend bei etwa 20 Grad über der über dem Horizont befindlichen Sonne am intensivsten.

Die nachfolgenden Abbildungen 41–51 sind Wiedergaben von Fotos, die vor, während und nach dem Hauptpurpurlicht gemacht wurden. Es sollte hier deutlich werden, um welch kräftige Farbunterschiede es sich hierbei handelt (Diese Aufnahmen stammen aus Laax, Graubünden, 1000 m ü. M.)

Zwischen den beiden Purpurdämmerungen und auch noch gleichzeitig mit dem Nachpurpurlicht herrscht die sogenannte Zwischendämmerung. Die farbigen Horizontalstreifen sind, von unten nach oben, in der Reihenfolge Karminrot, Orangerot, Orangegelb, und manchmal Grüngelb zu beobachten. Sie sind noch in unmittelbarer Horizontnähe sichtbar und heben sich von dem dunkelnden übrigen Himmel deutlich ab. Der Dämmerungsschein wird schwächer, kleiner und sinkt gegen den Horizont.

Indirekte quantitative Angaben über den jährlichen Verlauf der Anzahl der vulkanischen Partikeln in der Stratosphäre vor und nach dem Ausbruch des Vulkans Agung (Bali), März 1963

Die Anzahl der Aerosolpartikeln in großen Höhen direkt zu messen, erfordert großen apparativen Aufwand. Wie schon gezeigt, bietet die Farbe des Dämmerungshimmels eine bequemere Möglichkeit, Angaben über die Partikelanzahl zu geben. Je intensiver das Purpurlicht ist, um so mehr Partikeln müssen in der hohen Atmosphäre an seinem Entstehen beteiligt sein. Ein relativ einfach zu messendes Indiz hierfür bietet der sogenannte Farbquotient. Hierunter versteht man den Quotienten (das Verhältnis) zweier Farbtonwerte. Für das uns hier interessierende Purpurlicht ist das Verhältnis der Farbtonwerte für Rot zu Blau auf-

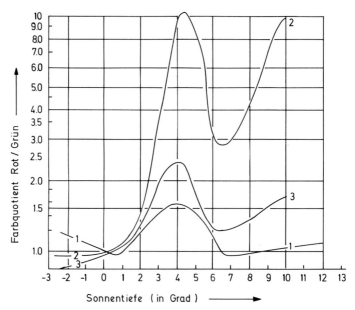

Abb. 52
Farbquotienten während der Dämmerung. Ordinate: Das Verhältnis der Strahlungsintensität im roten Spektralbereich zu derjenigen im grünen. Es ist das Rot/Grün-Verhältnis in logarithmischem Maßstab dargestellt. Abszisse: Sonnentiefe in Grad unter dem Horizont.
Kurve 1: 1962 kurz vor Ausbruch des Vulkans Agung (Bali); Kurve 2: Januar 1964, nach dem Ausbruch des Vulkans im März 1963; Kurve 3: Frühjahr und Herbst 1964 und wiederum Januar 1968.
Der Quotient ist nach dem Ausbruch etwa 5mal größer als vorher. Der Himmel erscheint entsprechend gerötet. Kleinere Ausbrüche stammen während dieser Zeit von den Vulkanen Taal 1965 und Awu 1966.
Literatur: F. Volz 1969: Twilight and Stratospheric Dust Before and After the Agung Eruption. App. Optics, 8, 2505.

schlußreich. Je größer dieses Verhältnis (Quotient) ist, um so intensiver erscheint das Purpurlicht und um so mehr Partikeln in der hohen Atmosphäre müssen vorhanden sein. Im folgenden wird der Farbquotient Rot/Grün angeben. Der Grund, diesen Quotienten zu wählen, liegt darin, daß hierfür sorgfältige, langjährige und dadurch aufschlußreiche Meßreihen vorliegen. Aus ihnen seien hier einige zitiert.
In der Abbildung 52 sind die Rot/Grün-Farbquotienten in Abhängigkeit von der Sonnentiefe (Ordinate) für die Jahre 1962, Kurve 1, und 1964, Kurve 2, wiedergegeben. Die Werte für 1962 gelten für die Zeit vor dem Ausbruch des Vulkans Agung, diejenigen von 1964 nach dem Ausbruch. Die Kurve 3 bezieht sich auf Messungen aus dem Spätjahr 1964. Im ersteren Fall handelt es sich demnach um normale Werte, im letzteren um durch Vulkanmaterie beeinflußte. Die Messungen wurden am Zenithimmel vorgenommen.
Das Farbverhältnis ist während des Purpurlichtes kurz nach Ausbruch des Vulkans sehr groß (Kurve 2). Das bedeutet eine große Anzahl von vulkanischem Material in der höheren Atmosphäre, welches ein intensives Purpurlicht hervorruft. Dem gegenüber ist der Farbquotient vor Ausbruch des Vulkans etwa einen Fünftel so groß.
Eine schon aus dem Jahr 1934 stammende Untersuchung befaßt sich mit dem Farbquotienten Rot/Blau (1) einerseits für das Pupurlicht und andererseits für die Gegendämmerung am Himmel gegenüber der Sonne in etwa 30 Grad Höhe über dem Horizont (2):

Tabelle 7

Sonnentiefe in Grad	(1) Purpurlicht Rot/Blau	(2) Gegendämmerung Rot/Blau
2	2,24	2,00
2,5	2,51	2,06
3	2,80	2,04
3,5	3,05	2,04
4	3,40	1,68
4,4	3,15	

Nach P. Gruner in: Sonnen- und Himmelsstrahlung 1942, Handbuch der Geophysik VIII, Physik der Atmosphäre II, Par. 81 (Herausgeber Franz Linke), Bornträger Berlin.

Aus demselben Handbuch entnehmen wir folgende Bemerkung zum Alpenglühen und anschließend Abschnitte über optische Dämmerungsanomalien:

Bemerkung zum Alpenglühen

Mit sinkender Sonne werden die Farben heller Felsen, z. B. Kalkstein, (Abb. 36) und der Firne gelblich und gehen dann allmählich ins Orange und Orangerot, oft auch ins Ockerfarbige über. Auch wenn die Sonne für den Beobachter schon untergegangen ist, treffen ihre Strahlen noch die Berggipfel und beleuchten sie in immer intensiverem Rot. Das Rot wird gesättigter und dunkler, geht über in Karmin und Purpurfarbe, und erblaßt nach und nach. Die mattglühenden Bergspitzen heben sich dabei deutlich von dem hinter ihnen emporgestiegenen graublauen Erdschatten ab. In den Alpen erlischt bei etwa 2 Grad Sonnentiefe die letzte Spur von Rotfärbung. Das Hauptglühen, durch die direkte Beleuchtung der Berge durch die Sonnenstrahlen hervorgerufen, ist zu Ende. Sofort ändert sich das Gesamtbild der Gebirgskette. Ein Gelblich- bis Grünlichgrau ist auf allen Schneeflächen. In diesem monotonen Licht, das als «Leichengrau» bezeichnet wird, sind kaum Schatten zu sehen, keine helleren und dunkleren Partien wechseln darin ab. Aber diese kaltgraue Färbung hält nicht lange an. Die Schneeflächen heben sich wieder klar vom düsteren Erdschattenhintergrund ab. Wenn das Hauptpurpurlicht bei einer Sonnentiefe von etwa 4 Grad das Maximum erreicht, wird sein Widerschein deutlich auf den Firnen wahrnehmbar. Rosarote Farben ohne Schatten breiten sich über das Gebirge aus. Dies ist die Nachfärbung der Schneefirne, die bei besonderer Intensität als Nachglühen bezeichnet wird. Allmählich erblaßt die Nachfärbung. Manchmal kann sogar noch eine neue schwache Rötung, ein zweites Nachglühen, auftreten, das bei Sonnentiefen von etwa 8 bis 11 Grad erscheint. Es stammt vom Nachpurpurlicht.

Die atmosphärisch-optischen Störungen und ihre Einflüsse auf die Dämmerungsfarben

Die oben dargelegten Ausführungen zeigen deutlich, daß im Verlauf der Jahre Zeiten von relativ schwacher Entwicklung der Dämmerungserscheinungen mit kürzeren oder längeren Abschnitten intensiver und abnormer Dämmerungsfärbungen abwechseln. Sie stehen mit größeren Vulkanausbrüchen im Zusammenhang.

Der Ausbruch des Vulkans *Krakatau* und seine Auswirkung auf die farbigen Dämmerungserscheinungen, 1883 bis 1886: Die Beobachtungen, die hier aus der damaligen Zeit wiedergegeben werden, sind beispielhaft. Sie stimmen sehr gut mit denen aus jüngster Zeit überein. Das ist u.a. der Grund, warum ihnen hier einige Seiten gewidmet werden.

Der Ausbruch des Vulkans Krakatau auf den Sunda-Inseln am 27. und 28. August 1883, dessen ausgeworfenes Material auf 18 km^3 geschätzt wurde, hatte eine enorme Aschenmenge bis in Höhen von 80 km hinaufgeschleudert. Von ostwestlicher Luftströmung erfaßt, fand eine zweimalige Umkreisung der Erde, besonders in äquatorialen Zonen statt. Nach etlichen Wochen breitete sich das Vulkanmaterial auch in

nördlicher und südlicher Richtung aus. Das konnte nur durch ungewöhnliche Dämmerungserscheinungen mit lang andauerndem Pupurlicht verfolgt werden. Diese schwächten sich erst 1886 ab. Das steht in Übereinkunft mit den Beobachtungen, die im Kapitel 4 beschrieben wurden.
Auch die Rötung des Schleiers begann mit der Gegendämmerung im Osten und ging, etwa 33 Minuten nach Sonnenuntergang über den Zenit gegen Westen. Dort erschien das Purpurlicht. Es erlosch etwa 54 Minuten nach Sonnenuntergang. Fast immer war dieses Pupurlicht von einem ausgeprägten Nachpurpurlicht gefolgt. Auch hier konnte man gelegentlich dessen Anfang im Osten als untere Gegendämmerung erkennen und es nach dem Durchgang durch den Zenit im Westen wahrnehmen. Das währte etwa 1½ Stunden lang mit intensiven Färbungen der horizontalen Streifen.
Das Hauptpurpurlicht dieser Störungsperiode war in unseren Breiten im Winter 1883/1884 von außerordentlicher Pracht und großer Ausdehnung. Auch war das Nachpurpurlicht ein sehr charakteristisches Phänomen der Störungsperiode. Es hat sich schon damals gezeigt, daß sein Erscheinen als ein Beweis einer erheblichen optischen Trübung der Atmosphäre anzusehen ist.
Wenn das erste Purpurlicht untergegangen ist, so zeigt sich ein anderes zartes Purpurlicht, rosaweißlich oder lila. In der Höhe gleichmäßig, sehr ausgedehnt und diffus, von der Form eines großen und hohen Segmentes, das zu dem ersten Purpurlicht konzentrisch ist. Dieses zweite Purpurlicht gelangt häufig bis zum Zenit und überschreitet ihn zuweilen. Sein Umriß ist nicht so genau abgegrenzt wie das erste. Das zweite Licht scheint bei zunehmender Verdunkelung des Himmels immer mehr gesättigt, bis es eine kräftige Pupurfärbung annimmt. Dann senkt es sich, zieht sich zusammen und verschwindet. Während gewöhnlicher Dämmerungen fehlt meistens das zweite Purpurlicht. Es erscheint nur, wenn das erste Purpurlicht intensiv gewesen ist. Die Helligkeit des zweiten ist stets geringer als die des ersten. Es ist aber relativ kräftig, wenn das erste Purpurlicht sehr deutlich zu sehen war. Die Abhängigkeit dieser Intensitäten voneinander und die Tatsache, daß die Sonnentiefe beim zweiten Purpurlicht doppelt so groß ist wie diejenige beim ersten, weisen darauf hin, daß das zweite Purpurlicht ein Reflex des ersten ist (Abb. 16 und 17).
Die kräftigsten Färbungen erschienen in den Wintermonaten 1883/84. Dann schwächten sie sich ab und gewannen im Herbst und Winter an neuem Glanz. Die «störende» Vulkanausbruchschicht senkte sich von August 1883 bis Januar 1884, die obere Grenze von 36 auf 19 km, die untere von 31 auf 17 km Höhe. Die gröberen Partikeln wurden dabei eliminiert. In den Wintern 1884/85 und 1885/86 wurden die intensiven Purpurfarben nochmals beobachtet. Das bewies die noch immer vorhandene Aerosolpartikelschicht. Ihr jeweiliges Abflauen im Frühjahr

und Sommer entsprach einer jährlichen Periode, wie sie auch heutzutage beobachtet wird.
Zu bemerken ist, daß aus dieser Störungsperiode die ersten Beobachtungen der leuchtenden Nachtwolken vorliegen. Die Erscheinung bestand in der Hauptsache aus flockigen, weiß glänzenden Wolken, die etwa ein- oder eineinhalb Stunden nach Sonnenuntergang erschienen und an einzelnen Orten zuweilen die ganze Nacht hindurch das über dem Horizont liegende Segment erfüllten (Kap. 7).

Die Mont-Pelée-Störung 1902–1904

Nach während fast 20 Jahren «normaler Dämmerung» wurde anlässlich des Anfang Mai 1902 erfolgten Vulkanausbruchs des Mont-Pelée auf der Insel Martinique, zusammen mit einem Ausbruch des dortigen Soufrière de St-Vincent, eine neue intensive atmosphärisch-optische Trübung beobachtet. Sie wurde durch die nunmehr verfeinerten Beobachtungsmethoden schon in der ersten Hälfte des Juni in Mitteleuropa gemessen, also nach etwa 5 Wochen. Die ersten purpurnen Dämmerungserscheinungen wurden Mitte Juni beobachtet. Sie zeigten sich an jedem klaren Abend bis Anfang Juli, dann besonders nur noch die rubinrote Färbung, die allerdings viel stärker war als in anderen Jahren. Die zwei Purpurlichter und die purpurne Gegendämmerung waren Ende Juni am stärksten entwickelt. Ende Juli begann eine zweite, schwächere Periode der Purpurlichter, die das ganze Jahr anhielt. Die vulkanischen Dämmerungserscheinungen traten 1903, wie im Vorjahr, periodisch auf, weil die vulkanischen Schwebeteilchen sich in einzelnen großen Wolken um die Erde bewegten. Nachdem das ganze Frühjahr hindurch kaum auffallende Dämmerungserscheinungen zu sehen waren, entwickelten sie sich ganz plötzlich Anfang August 1903 zu großer Pracht. Nach einer kürzeren Pause traten sie Ende August und Anfang September wieder in noch nie gesehener Intensität auf, prächtiger als 1884, besonders Ende August. Danach nahm die Intensität der Erscheinungen rasch ab, und sie verschwanden Anfang September. Ende September begann abermals eine, aber viel schwächere Periode für wenige Tage. Die nächsten Perioden gruppierten sich Anfang Oktober, dann um den 9. November. 1904 waren die Dämmerungserscheinungen noch recht kräftig entwickelt, besonders im Hochsommer.

Die störungsfreie Zeit 1905–1912

Im Frühjahr 1905 waren wohl die letzten Spuren der Mont-Pelée-Störung verschwunden, und seither war längere Zeit hindurch keine optische Trübung im Ausmaß derjenigen von 1883 und 1902 eingetreten. Allerdings hatten die nunmehr eingesetzten regelmäßigen Beobachtungen der Dämmerungsfärbungen sowie auch der Himmelsstrahlung gezeigt, daß die optischen Erscheinungen der Atmosphäre Schwankungen, auch unabhängig von großen Vulkanausbrüchen, unterworfen sind.

Die Katmai-Störung 1912–1914

Anfang 1912 fand ein gewaltiger Ausbruch des Vulkans Katmai auf Alaska statt, dessen sehr dichter Aschenregen sich in Amerika, Europa und Nordafrika spürbar bemerkbar machte. Für diese Störung ist einiges charakteristisch, z. B. ein nachweisbares Ausbreiten der zum Teil sehr feinen Aschenmassen, die bereits Anfang Juni in Madison (Wisconsin) als Wolkenzug erkennbar waren, und die Ende Juni sowohl in Grönland als auch in Europa zu sehen waren. Die Geschwindigkeit dieser in 10–12 km Höhe sich von Nordwest nach Südost bewegenden Massen mag 20–40 m/s betragen haben.

Sehr bezeichnend ist, daß am Anfang dieser Trübung fast keine ungewöhnlichen Dämmerungsfarben beobachtbar waren, kein starkes Purpurlicht, keine merkliche Gegendämmerung. Lediglich eine allgemeine Rötung, Rubin, des Westhorizontes, die einen «vulkanischen Charakter» verraten konnte, wurde verzeichnet, die natürlich auch von einer starken Rötung und durch die Schwächung des direkten Sonnenlichtes beim Auf- und Untergang verursacht war.

Atmosphärisch-optische Störungen in jüngster Zeit

In den vorangegangenen Kapiteln wurde schon im Zusammenhang mit dem Purpurlicht darauf eingegangen, daß Vulkanausbrüche lichtstreuendes Material in die hohe Atmosphäre transportieren und dadurch für intensivere Dämmerungserscheinungen verantwortlich sind. Einige Farbphotographien aus den Jahren 1963 bis 1980, die entweder kurz nach Vulkanausbrüchen oder näher am Vulkanherd aufgenommen wurden, illustrieren diesen Tatbestand (Abb. 53–61). Verfälscht ist die Abenddämmerung auf der Abbildung 61 durch Wolken unterhalb des Horizontes, wodurch es zu divergierenden Strahlenbündeln kommt. Besonderen Hinweis verdient die Abbildung 55, siehe Text dort.

Die Aufnahmen der Abbildungen 59, 60 und 61 aus Colorado, kurz nach dem Ausbruch des westlich nicht sehr weit entfernt gelegenen Vulkans St. Helens, lassen fast den Gesamthimmel während aller Dämmerungsphasen mehr oder weniger abnormal gerötet erscheinen.

Hier ist nicht nur das am Himmel räumlich und zeitlich begrenzte Purpurlicht sichtbar. Der gesamte Dämmerungshimmel ist rot, weil der

Abb. 53
Der Dämmerungshimmel bei einer Sonnentiefe von etwa 7 Grad vom Ballon in 11½ km Höhe über Australien 1963. Die starke Rotfärbung stammt vom stratosphärischen Aerosol kurz nach dem Ausbruch des Vulkans Agung 1963.
Foto: E.K. Bigg, Sidney.

Abb. 54
Purpurlichtdämmerung bei einer Sonnentiefe von 5½ Grad, in Alamogordo, New Mexico, 1969, unter dem Einfluß des Ausbruchs des Vulkans Fernandina (Ostbrasilien).
Foto: F.E. Volz, Lexington, Mass., USA.

< Abb. 55
Dämmerung vom Ballon aus in 37 km Höhe über Europa fotografiert. Die Sonnentiefe beträgt 5½ Grad. Das Foto entstand am 15. Oktober 1980, also etwa 5 Monate nach dem Ausbruch des Vulkans St. Helens im Staate Washington. Das Aerosol hat sich nach der Zeit des Ausbruchs weitgehend horizontal homogen in der Stratosphäre ausgebreitet. Lediglich auf dem rechten Bildteil sind noch differenziertere Schichtungen zu sehen. Sie waren kurz nach dem Vulkanausbruch ausgeprägter. Die Teilchenanzahl betrug in 14 bis 17 km Höhe etwa 1 je cm^3, in 22 km etwa 0,5 je cm^3. Zu beachten ist der rötliche Saum in Horizontnähe. Er stammt vom bodennahen Dunst. Darüber erscheint die Atmosphäre weißlich durch Mischung verschiedener Farben. Nach oben hin wird die Atmosphäre erst hellblau, dann dunkelblau durch alleinige Lichtstreuung an Molekülen. Darüber wird der Himmel schließlich schwarz in Ermangelung lichtstreuenden Materials. Die eingangs erwähnte kräftige Rotfärbung ist ein Effekt des vulkanischen Materials. Das zeigen Vergleiche mit Fotos, die von Satelliten während vulkantätigarmer Zeit aufgenommen wurden. (Die Sonne am linken Bildteil ist wegen fototechnischer Effekte nicht zu bewerten).
Literatur: M. Ackerman et al. 1981: Stratospheric Aerosols Properties from Earth Limb Photography. Nature 292, 587.

Abb. 56
Dämmerung mit «Streifung», Dezember 1974, nach dem Ausbruch des Vulkans Fuego (Guatemala). Das vulkanische Material in der Stratosphäre ist in vielen Schichten angeordnet. Außer der Streifung sind noch radiale Strahlen zu erkennen. Sie rühren von Wolkenhindernissen zwischen Beobachter und Sonne her. Sie sind besonders gut auf der anschließenden Abbildung 57 zu sehen.
Foto: F. E. Volz, Lexington, Mass., USA.

Abb. 57
Dämmerungsstrahlen, 1975. Massachusetts, USA. Das Purpurlicht ist gestört durch Wolken an der Sonnenseite unterhalb des Horizonts. Ein Teil der Sonnenstrahlen wird abgeblendet und hinterläßt einen Schattenraum. Dadurch werden bestimmte Teile der Dämmerungsfärbungen verschattet. Perspektivisch erscheint ein solches Parallelstrahlenbündel als ein von der Sonne ausgehendes divergierendes Bündel, das sich am Himmel auf Großkreisen ausbreitet (und sich auf der Sonnengegenseite wieder verengt). Das Purpurlicht kann durch entfernte Wolken auch völlig unterdrückt werden, obgleich z. B. der westliche Abendhimmel wolkenlos erscheint.
Foto: F. E. Volz.

Abb. 58
Anomal ausgeprägtes Purpurlicht durch vulkanisches Material, 1975, USA.
Foto: F. E. Volz.

Abb. 59, 60 und 61
Dämmerungshimmel bei einer Sonnentiefe von etwa 4 Grad an verschiedenen Abenden in Fort Collins, Colorado, Juli 1980, also kurz nach dem Ausbruch des Vulkans St. Helens nahe der Nord/Westküste der USA. Das Purpurlicht beherrscht den Himmel bis zum Zenit. Die Wolken in Beobachternähe werden vom Purpurlicht rot bis purpurn gefärbt (nicht durch direkte Sonnenstrahlen).
Foto: F. E. Volz.

Vulkanausbruch in Nähe des Beobachters erfolgte. Dort ist zunächst die gesamte, also auch die untere Atmosphäre mit Material des Vulkanausbruches erfüllt. Auf dem langen Weg zu den Beobachtungsorten, die weit weg vom Ausbruch gelegen sind, z. B. von Westamerika oder Bali nach Europa, ist das vulkanische Material «unterwegs» sedimentiert, d. h. zur Erde herabgefallen. Nur das langlebigere, in der Stratosphäre befindliche Aerosol umläuft mit der meteorologischen Zirkulation den Erdball. Es bewirkt deshalb weltweit das Pupurlicht und keinen gesamtroten Dämmerungshimmel.

6
Die farbarme Dämmerung und die Leuchtdichteverteilung am Himmel nach Sonnenuntergang

An die Zwischen- und Nachpurpurdämmerung schließt sich die farbarme Dämmerung an. Die Sterne erster und in dunstarmer Atmosphäre auch zweiter Größe, werden sichtbar. Der Horizont ist noch etwas heller als der übrige Himmel, besonders auf der Sonnenseite. Farben sind bald nicht mehr wahrnehmbar. In diesem Zusammenhang ist die Bemerkung angebracht, daß das Auge zwar ein äußerst leistungsfähiges Meßinstrument ist, aber durch physiologische und psychologische Faktoren nicht so objektiv arbeitet, wie eine rein physikalische Apparatur. Das mindert nicht den Reiz, den andauernden Varianten unterworfenen farbigen Himmel aufmerksam zu betrachten und eine Erklärung für die Farberscheinungen, wie sie das menschliche Auge wahrnimmt, zu suchen.
Die Verteilung der Leuchtdichte (Helligkeit) des Himmels während der Dämmerung ist für verschiedene Sonnentiefen auf der Abbildung 62

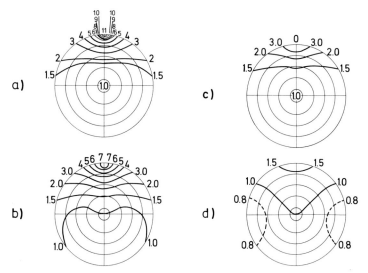

Abb. 62
Leuchtdichteverteilung auf dem Gesamthimmel während der Dämmerung in relativen Einheiten. Die Leuchtdichte im Zenit (Bildmittelpunkte) wurde gleich eins gesetzt.
Literatur: K. Bullrich, 1948, Ber. d. Dsch. Wetterdienstes Nr. 4.

wiedergegeben. Diese Angaben sind relativ, die Leuchtdichte im Zenit ist gleich 1 gesetzt. Ihr absoluter Wert kann aus der Tabelle 1 entnommen werden. Der Helligkeitsabfall in Sonnennähe ist bei horizontnaher Sonne sehr stark und kann auf der Abbildung nur ungenügend wiedergegeben werden. Die Helligkeitsunterschiede nehmen mit zunehmender Sonnentiefe ab. Das Auge ist jedoch bei geringen Leuchtdichten sehr empfindlich für Wahrnehmung feiner Helligkeitsabstufungen. Bei Sonnentiefen von etwa 10 Grad unter dem Horizont sind Farben am Horizont, der der Sonne zugewandt ist, noch erkennbar. Der Zenit und die Sonnengegenseite des Himmels erscheinen farblos dunkel, weil die farbsehtüchtigen Zapfen auf der Retina des Auges keine Lichtreize mehr aufzunehmen in der Lage sind und somit nur die Stäbchen farblose Hell-Dunkel-Eindrücke vermitteln.

7
Die leuchtenden Nachtwolken, das Nordlicht, das Nachthimmelslicht, das Zodiakallicht und die Perlmutterwolken

Die leuchtenden Nachtwolken[1])

Die Bezeichnung ist nicht sehr glücklich gewählt. Die Farben der leuchtenden Nachtwolken sind fast ausschließlich während der Dämmerung in nördlichen Breiten zu sehen, also nicht eigentlich bei Nacht. Die Nachtwolken leuchten nicht aus sich selbst eigenständig wie die Nordlichter und das Nachthimmelslicht, sondern es sind Schichten aus Eiskügelchen, die das Sonnenlicht streuen. Die Anzahl der Eispartikelchen kann auf 5 Teilchen je Liter Luft abgeschätzt werden, das sind 0,005 Teilchen je cm^3, sofern eine Partikelschicht mit einer durchschnittlichen vertikalen Mächtigkeit von etwa zwei Kilometern angenommen wird. Die mittlere Höhe dieser Dunst- bzw. Wolkenschicht über der Erdoberfläche ist in 82 Kilometern zu beobachten, also dort, wo die hohe Atmosphäre am kältesten ist. Die Temperatur der Mesopause hat dort etwa minus 100 °C (Kap. 3). Jedoch erscheinen die leuchtenden Nachtwolken nicht nur in 82 km Höhe, sondern auch in einzelnen Höhenbereichen zwischen 65 und 95 km, was einer Sonnendepression von etwa 7 bis 18 Grad entspricht. Bei großen Sonnendepressionen sind sie nur noch als weißer Schleier zu sehen, während sie sonst bläulichweiße bis grünliche Farbtöne aufweisen. Ihre Form ändert sich sehr rasch. Schon nach wenigen Minuten können wellenförmige Erscheinungen sich in wirbel- oder bandenförmige verwandelt haben (Abb. 63, 64). Die leuchtenden Schichten ziehen in südlicher bis westlicher Richtung mit einer Geschwindigkeit von wahrscheinlich 500 km/h dahin. Sie geben somit Aufschluß über die Zirkulationssysteme in der hohen Atmosphäre.
Am häufigsten werden die Nachtwolken etwas südlich des Polarkreises während der sommerlichen Zeit sichtbar. Das hängt mit der Temperatur der hohen Atmosphäre zusammen, welche zu dieser Zeit in etwa 82 km Höhe, wie schon bemerkt, ein Minimum aufweist. Bemerkenswert ist in diesem Zusammenhang, daß sich die Temperaturen in der Mesopause zeitlich rasch ändern können. Messungen ergaben, daß beim Erscheinen der leuchtenden Nachtwolken die Temperatur in der Mesopause um 40 Grad tiefer liegt als normal. Somit sind die physikalischen Vorausset-

---

[1]) Abbildung 17.

Abb. 63
Leuchtende Nachtwolken über Alaska.
Schwarzweißfoto: B. Fogle, Geophysical Inst., Fairbanks.

Abb. 64
Leuchtende Nachtwolken während der Purpurlichtdämmerung über Stockholm 1966.
Literatur: N. Wilhelm, Univ. Stockholm, Titelbild Umschau 1966, 24.

zungen für eine spontane Eisbildung gegeben. Diese und andere Indizien weisen darauf hin, daß die leuchtenden Nachtwolken aus Eiskügelchen in der Größenordnung von 1 μm ($= 10^{-4}$ cm) und kleiner bestehen. Besonders in Schweden hat man intensiv experimentelle Methoden entwickelt, die die eben angedeuteten Aussagen ermöglichen. Die Teilchen sind also etwa gleich groß oder kleiner als die Wellenlänge des Lichtes. Deshalb sind hier hauptsächlich die Gesetze der Molekül-lichtstreuung anzuwenden. Der Kern der Partikeln stammt entweder aus der Troposphäre durch vertikalen Diffusionstransport oder aus dem extraterrestrischen Raum, letzeres ist jedoch durch neue Forschungen wenig wahrscheinlich. Bei den schon erwähnten extrem niedrigen Temperaturen in der Mesopause und dem dort nachgewiesenen Wasserdampf ist eine Eisbildung ohne die Zwischenstufe der Wasserphase an den Kernpartikelchen bevorzugt möglich und damit so gut wie sicher.
Da die leuchtenden Nachtwolken in unseren Breiten selten zu sehen sind, sei nicht ausführlicher auf sie eingegangen.

Das Polarlicht (Nordlicht bzw. Südlicht)

Auch in unseren Breiten ist das Polarlicht manchmal, etwas genauer gesagt in 2 Prozenten aller Nächte, zu sehen. Dies gilt freilich nur außerhalb dichtbesiedelter Räume, über denen die Luft mit Dunst erfüllt ist, welcher seinerseits von anthropogener, also künstlicher Beleuchtung, störend erhellt wird. Diese Bemerkung gilt übrigens für alle Phänomene am Himmelsgewölbe nach Sonnenuntergang.
In den Polarlichtzonen, die in etwa 23 Grad Abstand die Nord- und Südpole der erdmagnetischen Achse umgeben, ist das Polarlicht fast während jeder Nacht zu beobachten. Die erdmagnetische Achse weicht von der geographischen Nord-Süd-Achse ab: die erdmagnetische Achse durchstößt die Erdoberfläche in der Nordwestecke von Grönland und im südlichen Gegenpunkt. Der magnetische Nordpol ist in dauernder Wanderung begriffen. 1903 lag er auf der kanadischen Halbinsel Boothia felix, heute 600 km entfernt davon.
Das Polarlicht entsteht oberhalb von 65 km über der Erdoberfläche, meistens in 100 km Höhe mit der oberen Grenze von 400 km. Demnach kann es schon während der auslaufenden verblassenden Dämmerungsperiode gesehen werden, meistens jedoch nach Beendigung der klassischen Dämmerungserscheinungen.
Charakteristische Erscheinungsformen des Nordlichts, welches man ebenso als Südlicht bezeichnen könnte, weil es auf der Südhalbkugel nicht anders aussieht wie auf der Nordhalbkugel, haben international vereinbarte Bezeichnungen: Glühen (ohne scharfe Grenzen); Strahlen, einzeln oder in Bündeln; Corona, mit parallelen Strahlen, die scheinbar

Palarlicht

Abb. 65
Leuchtende Nachtwolken und Nordlicht während der Dämmerung kurz nach dem
Hauptpurpurlicht in Nordschweden, 1966.
Literatur: F. E. Volz 1966: Leuchtende Nachtwolken, Umschau 24, 789.

in einem Punkt zusammenlaufen; Bogen, von Ost nach West gerichtete Horizontaufhellung mit dunklem Segment in unmittelbarer Horizontnähe; Bande, mit Strukturen und oftmals verbunden mit einem wellenförmigen Draperievorhang (Abb. 65). Die meisten Formen folgen rhythmisch an denselben Himmelszonen. Sie leuchten auf und verschwinden mit Pulsationszeiten von $1/_{10}$ bis $1/_{100}$ Sekunden. Diese lebendige Farbenpracht, etwa bei einem nächtlichen Flug von Europa nach Nordamerika oft zu beobachten, huscht manchmal über den gesamten nördlichen Himmel dahin. Die häufigste Form in mitteleuropäischen Zonen ist die des Bogens in etwa 11 Grad Höhe über dem nördlichen Horizont.
Die Polarlichter enthalten alle Spektralfarben. Das Polarlicht und seine Farben entstehen grundsätzlichen wie das Nachthimmelslicht, also durch Selbstleuchten hoher atmosphärischer Luftschichten. Hauptsächlich beteiligt sind die Gase atomarer Sauerstoff (Leuchten bei den Wellenlängen 0,5577, 0,6300 und 0,6364 μm), molekularer Stickstoff, (Leuchten in den Spektralbereichen Rot und Purpur) und Wasserstoff; ein Teil der Wasserstoffatome ist extraterrestrischen Ursprungs. Im Gegensatz zur Entstehung des Nachthimmelslichts wird dieses Selbstleuchten angeregt durch Ströme elektrisch geladener, nicht immer

ionisierter Elementarteilchen (Protonen, Elektronen), die von der Sonne herstammen (Sonnenwind). Sie werden durch das Magnetfeld der Erde aus ihrer ursprünglichen Richtung abgelenkt. Somit erreichen diese Teilchen, die für unser Leben tödlich wären, nicht auf direktem Wege die Erdoberfläche, sondern auf Umwegen und physikalisch verändert und dadurch ihrer Gefährlichkeit beraubt. Die Nordlichtbogen verlaufen senkrecht zur Kompaßrichtung, also senkrecht zur Richtung zum erdmagnetischen Pol. Die Nordlichtstrahlen dagegen verlaufen in Richtung der erdmagnetischen Kraftlinien. Das Nordlicht ist nicht an die Zeit der Dämmerung gebunden.

Das Nachthimmelslicht oder Erdlicht

Vorweg sei festgehalten, daß begrifflich zu unterscheiden ist zwischen Nachthimmelshelligkeit (übergeordnete Bezeichnung) und Nachthimmelslicht (Bezeichnung für ein spezielles Phänomen).
Nach abgeschlossener Dämmerung, Sonnendepression 16 Grad und mehr, ist der mond- und wolkenlose Himmel nicht schwarz. Nach einer bestimmten Adaptionszeit des menschlichen Auges an die Dunkelheit sind einerseits Sterne zu erkennen und andererseits eine bestimmte unbunte Himmelshelligkeit, die sich infolge des Nachthimmelslichtes nicht immer gleichmäßig am Himmelsgewölbe verteilt und die auch zeitlichen Variationen unterliegt. Dies gilt nur für Beobachter, wie schon im vorangegangenen Kapitel bemerkt, die sich weit genug weg von menschlichen, dunstreichen Siedlungsgebieten mit ihren grellen terrestrischen Beleuchtungen befinden, dessen Streulicht in der unteren Atmosphäre vielerorts kaum mehr Sterne zu erkennen erlaubt. Meist ist das Erdlicht in 15 Grad über dem nörlichen Horizont zu sehen. Es kann so intensiv sein, daß von «hellen Nächten» die Rede ist. In Horizontnähe ist die emittierende Schicht optisch am ausgedehntesten. Unmittelbar am Horizont ist andererseits die Strahlungsschwächung auf dem langen Weg durch die untere Atmosphäre sehr fern. Daher der «Kompromiß» von 15 Grad Höhe über dem Horizont.
Die Nachthimmelshelligkeit stammt zu etwa 20 Prozent vom vereinten Licht der etwa 300 sichtbaren plus der vielen Millionen nicht direkt sichtbaren Sterne und von dem Zodiakallicht, das auch als Tierkreislicht bekannt ist. 80 Prozent der Nachthimmelshelligkeit werden durch das Nachthimmelslicht hervorgerufen. Dieses Licht wird vom Eigenluftleuchten der hohen Atmosphäre in 100 Kilometern Höhe über der Erdoberfläche und darüber erzeugt. Es besteht also, im Gegensatz zum Leuchten der «leuchtenden Nachtwolken», nicht aus gestreutem Sonnenlicht. Es hat demnach einen ähnlichen physikalischen Ursprung wie das Nordlicht (Polarlicht).

Ein Teil der Sonnenenergie, die von der Luft der hohen Atmosphäre bei Tage aufgenommen worden ist, wird zunächst gespeichert und bei Nacht wieder von den irdischen Sauerstoffatomen im gelblichgrünen und roten Spektralbereich (Wellenlängen 0,5577, 0,6300 und 0,6364 μm), den irdischen Stickstoffmolekülen im blauvioletten Spektralbereich und von Resten der Wasserstoffmoleküle (OH-Banden) im roten und blauen Spektralbereich; ferner vom Natrium im rotgrünen Wellenlängendoublet 0,6890 und 0,5896 μm, allerdings für das Auge nur unbunt sichtbar, ausgestrahlt. Der Wasserstoff stammt hauptsächlich von der Sonne.

Das Zodiakallicht oder Tierkreislicht

Über der Aufgangs- bzw. Untergangsstelle der Sonne ist besonders in den Tropen ein fast dreieckig geformter Lichtkegel am Himmel nach Beendigung der allgemeinen Dämmerung zu beobachten. Das Zodiakallicht ist etwa ebenso hell wie die Milchstraße. Ein sehr schwacher Gegenschein ist an der der Sonne gegenüberliegenden Himmelspartie gerade noch sichtbar. Das Zodiakallicht entsteht durch Streuung von Sonnenlicht an interplanetarer Materie. Diese besteht aus freien Elektronen und feinen Staubteilchen. Die Elektronen stammen z.T. aus der Partikelstrahlung der Sonne, z.T. werden sie aber auch durch die ionisierende Wirkung der solaren Ultraviolettstrahlung aus überall im Sonnensystem vorhandenen Gasatomen und -molekülen erzeugt. Der Hauptteil der Zodiakallichtmaterie besteht jedoch aus einer flachen, scheibenförmigen und stark zur Ekliptik (Sonnenbahn am Himmel) konzentrierten Wolke interplanetaren Staubes. Zusammenstöße unter kleinen Planeten kommen häufig vor, weil sie ganze Familien bilden mit ähnlichen Umlaufbahnen um die Sonne. Die gegenseitige Zertrümmerung der kleinen Planeten setzt sich mit zunehmender Häufigkeit der Trümmer fort. Das Endergebnis ist die Enstehung einer großen Menge feinen interplanetaren Staubes. Die Staubteilchen, Steinmehl, bilden eine starke Verdichtung in der Nähe der Sonne, eine Zone geringerer Anzahldichte im Gebiet zwischen Sonne und den kleinen Planeten (Planetoiden und Asteroiden) und eine ringförmige Verdichtung im Gebiet der Planetoiden. Die Anzahl der Staubwolkenteilchen nimmt jedoch nicht durch weitere Zusammenstöße kontinuierlich zu, weil die sehr kleinen Teilchen (Durchmesser etwa 10^{-5} cm und kleiner, das sind etwa 0,1 μm) durch den Strahlungsdruck der Sonne in den Weltraum fortgetrieben werden. Die größeren Partikeln fallen auf die Sonne, die mittleren verteilen sich spiralförmig um die Sonne im sonnenentfernteren Raum. In der Nachbarschaft der Sonne geht das Zodiakallicht in die verdünnte Gashülle der Sonne über und bildet somit einen Teil der Sonnenkorona.

Abb. 66
Perlmutterwolken. Text siehe Seite 98.
Literatur: Carl Störmer 1908: Mother-on-Pearl Clouds, Weather 3, 13.

Abb. 67
Perlmutterwolken über Frahamland, Antarktis.
Literatur: Lingen-Verlag, Köln, 1975.

Theoretische Überlegungen weisen auf eine Größe der Partikeln von etwa 0,01 mm Durchmesser (0,5 μm Radius) hin. Ihre Anzahl zwischen Sonne und Erde beträgt nur wenige Teilchen je Kubikkilometer. In der Erdbahn selbst kann man sie auf einige Hundert je km^3 schätzen. Trotz dieser geringen Anzahldichte ist die Lichtstreuung wahrnehmbar, weil die Staubwolke eine im Vergleich zu irdischen atmosphärischen Verhältnissen ungeheure Ausdehnung hat.

Die Perlmutterwolken oder sehr hohe irisierende Wolken

Perlmutterwolken werden nur in hohen geografischen Breiten beobachtet, etwa ab des 58. Grades. In nördlichen Breiten erscheinen sie in etwa 20 bis 30 km Höhe, in der Antarktis in 14 bis 30 km. Es handelt sich um Eiswolken, die nach Sonnenuntergang (Sonnentiefen größer als 6 Grad) durch Brechung des sie noch erreichenden direkten Sonnenlichts in allen Spektralfarben leuchten. Es ist eine Prismawirkung der Eiskristalle. Die Farberscheinungen sind viel intensiver als etwa bei der Sonnenlichtstrahlenbrechung an Zirruswolken in der Troposphäre bei Tage. Die Wolken entstehen durch Anheben der Luft in Luv hoher steiler Gebirge. Dort entstehen Leewellen ähnlich wie beim Föhnwind. In den Leewirbeln im Föhn sind die linsenförmigen Wolken, die sogenannten Lentikulariswolken, charakteristisch. Die Perlmutterwolken geben den Hinweis, daß sich Leewellen noch bis in hohe atmosphärischen Schichten fortsetzen.

Warum sie in den angegebenen Höhen und nur in hohen Breiten entstehen, ist nicht bekannt (Abb. 66 und 67).

8
Klimaschwankungen und Himmelsfarbe

Die Bilder vom Purpurlicht während der Dämmerung zeigen eindrucksvoll, wie sich die Himmelsfarbe ändert, wenn Material aus Vulkanen in die Atmosphäre befördert wird. Dieses Material verändert die Strahlung farblich. Tatsächlich wurde nach den großen Vulkanausbrüchen (z. B. Krakatau) die Sonnenstrahlung für einige Zeit meßbar vermindert. Die Abbildung 68 zeigt anschaulich, wie die Atmosphäre vom Ballon in 37 km Höhe mit und ohne Vulkanausbruchmaterial aussieht. Das Foto auf der linken Seite stammt vom 7. Mai 1980, vor dem Ausbruch des Vulkans St. Helens. Das rechte Foto wurde am 5. Juni, nach dem Ausbruch, aufgenommen. Die Atmosphäre ist getrübt, die Sonnenstrahlung am Erdboden während etlicher Wochen herabgesetzt. Tatsächlich haben in der Vorzeit heftige Vulkantätigkeiten zu starken Klimaschwankungen geführt. Solche sind allerdings in heutiger Zeit nicht mehr zu erwarten. Aber selbst so «kleine» Vulkanausbrüche während der letzten Jahrzehnte führten zu ausgeprägten, manchmal sogar zu sehr anomalen Purpurdämmerungserscheinungen.
Heutzutage wird viel über Klimaanomalien geschrieben. Darunter verstehen wir kurzfristige Klimaschwankungen. Aber was ist Klima? Hierüber gibt es neuerdings komplizierte Definitionen, auf die hier freilich nicht eingegangen werden kann. Unter Klima versteht man, ganz allgemein gesagt, die Gesamtheit für einen Ort oder ein bestimmtes Gebiet während eines längeren Zeitraums eigentümlicher Witterungserscheinungen. Dazu gehören Mittelwerte über mehr als 30 Jahre von meßbaren Größen wie Temperatur, Feuchte, Luftdruck usw.
Wir wissen heute, daß es in nicht allzu ferner Vergangenheit länger anhaltende Klimaanomalien gegeben hat. Eine regenreiche Zeit herrschte z. B. zwischen 480 und 250 v. Chr. Das war ideal für das Mittelmeerklima der klassischen Zeit Athens und Roms. Nomadenvölker kamen durch ergiebiges Weideland zur Ruhe.
Viel und meist oberflächlich ist die Rede vom Anstieg des Kohlensäuregehaltes (CO_2) in der Atmosphäre durch Verbrennung fossiler und anderer Brennstoffe.
Das CO_2 ist ein Infrarotabsorber. Das bedeutet, daß es langwellige Strahlung absorbiert (schluckt). Es bewirkt eine Erwärmung der Lufttemperatur in Erdbodennähe. Man kann sich ausrechnen, daß sich im Lauf der nächsten 20 Jahre der Erdboden um 1 Grad und die erdbodennahe Luft um 0,2 Grad erwärmen wird. Allerdings wird meist vergessen, daß es gleichzeitig rückkoppelnde Kompensationseffekte gibt. Im Falle der Erwärmung würde die Verdunstung größer und damit der Bedek-

kungsgrad an Wolken zunehmen. Das bedeutet eine Abschirmung der Sonneneinstrahlung. Ein Anwachsen von nur 0,6 Prozent der niedrigen Wolken, würde die untere Atmosphäre um 0,5 Grad abkühlen. Solche Mechanismen sind global nicht meßbar. Die CO_2-Konzentration ist schon seit Jahrzehnten angestiegen, seit 1940 um etwa 7 Prozent. Seit diesem Zeitpunkt hat sich jedoch die Mitteltemperatur der gesamten Nordhalbkugel um etwa 0,4 Grad gesenkt. Gehen wir also einer Eiszeit entgegen? Auf Jahrhunderte gesehen wird das nicht der Fall sein. Eine vermehrte Wolkenbildung wird zweifellos die farbigen Dämmerungserscheinungen verändern. Das drastische Purpurlich würde z.B. geschwächt.

Erwähnenswert ist, daß nach der ersten Ölkrise 1973 der weltweite Brennstoffverbrauch um mehr als die Hälfte zurückgegangen ist. Dennoch stieg der CO_2-Gehalt in der Atmosphäre weiter um 68 Prozent während der letzten 15 Jahre an. Ursache hierfür ist wohl die enorme Vernichtung der tropischen Urwälder durch menschliche Aktivitäten. Auch die übermäßige Vermehrung von Mensch und Vieh, z.B. in Afrika in der Sahelzone, führt zu einer Aridisierung. Das Klima dort ändert sich drastisch. Staub- und Sandstürme verdunkeln überregional den Himmel und verändern somit auch die farbigen Dämmerungserscheinungen. Das gilt auch für die Lösstaubstürme in China. Auf Satellitenbildern kann man große Flächen betrachten, über die Verbrennungsmaterial weltweit verfrachtet wird (Abb. 68). Das hat bisher noch zu keinem deutlich meßbaren Rückgang der Sonneneinstrahlung geführt. Jedoch wurden über weiten Gebieten, z.B. auf dem atlantischen Ozean (Kanarische Inseln) ein Verblassen der farbigen Dämmerungserscheinungen beobachtet. Regional erleben wir in den menschlichen Ballungsgebieten deutlich die Neutralisierung der farbigen Dämmerung. Der Himmel, z.B. im Rhein-Main-Gebiet, ist nach Sonnenuntergang häufig nicht mehr leuchtend farbig, sondern er sieht bräunlich «schmutzig» aus. Besonders auffallend ist das während länger anhaltender Hochdruck-Schönwetterlagen. Die im Laufe der letzten Jahrzehnte geforderte Erhöhung der Industrieabgasschornsteine sorgt für eine überregional ausgedehntere Verfrachtung lufttrübenden Materials.

Es gibt noch eine Reihe anderer Gase, die ähnlich wirken wie das CO_2. Dazu gehören das Methan und das Lachgas. Letzteres ist u.a. ein Abbauprodukt künstlicher Düngemittel. Sehr beachtlich sind vor allem die Chlorfluorkohlenwasserstoffe, die in Sprühdosen als Treibgase und für viele andere Industriezwecke verwendet werden. Diese sind inerte Gase, die sich in der unteren Atmosphäre mit keinen anderen Gasen verbinden und somit nicht neutralisiert werden. Aber in der Stratosphäre, unter dem Einfluß der kurzwelligen ultravioletten Strahlung, bauen sie den 3atomigen Sauerstoff, das Ozon ab. Schwere Gesundheitsschäden ergäben sich durch diesen Abbau. Für unser Thema ist in diesem Zusammenhang interessant, daß bei verringerter Ozonschicht der Däm-

Ausblick 101

Abb. 68
Foto der Atmosphäre aus 37 km Höhe vor (links) und nach (rechts) dem Ausbruch des Vulkans St. Helens. Ähnliches kann nach großen Waldbränden und Staubstürmen beobachtet werden.
Literatur: Wie Abbildung 55.

merungshimmel nach Sonnenuntergang (bzw.) vor Sonnenaufgang grün erscheinen würde, wie auf Seite 55 schon erläutert. Übrigens haben Abgase von Superüberschalldüsenflugzeugen, die sich in der unteren Ozonschicht bewegen sollten, ebenfalls eine Zerstörung der Ozonschicht zur Folge.
Nahende Eiszeit oder Hitztod für unsere Enkel? Darüber ist von Zeit zu Zeit in Journalen zu lesen. (Das Geld muß ja im Kasten klingeln.) Rasche Klimaänderungen auf natürlicher Basis oder durch menschliche Aktivitäten hervorgerufen, sind nicht zu erwarten. Wenn auch das

Wetter bei uns immer «schlecht» ist und alte Leute davon schwärmen, früher sei alles besser gewesen – geändert hat sich nichts. Das wird für lange Zeit so bleiben. Wir können das heutzutage gut überblicken. Kleine Klimaanomalien sind die Regel. Das bedeutet selbstverständlich, daß der Wunsch nach Erhaltung oder Wiederherstellung unserer natürlichen Umweltbedingungen eines der seriösesten Anliegen unserer Zeit ist. Hier ist kontinuierliche sorgfältige Beobachtung und Forschung notwendig; mehr kritisches Handeln als vieles Reden.

Genießen wir offenen Auges unbesorgt die Pracht unserer farbigen Dämmerungserscheinungen. In anderen Teilen der Welt sind sie vielleicht noch grandioser; sie sollten für uns eine stets dankbare Freude über dieses reiche Geschenk der Schöpfung auslösen, über diesen «Traum durch die Dämmerung».

Register

Abendrot 69
Absorption der Sonnenstrahlung 23
Aerosol 43-51
Aerosolpartikeln 21, 43-51
Aerosolpartikelproduktion 47
Alpenglühen 78
Atmosphärische Schwebeteilchen 21
Aufbau der Atmosphäre 30
Auge 9-13
Augenempfindlichkeit 12
Ausdehnung des Purpurlichts 70

Dämmerungsanomalien 79-88
Dämmerungserscheinungen, zeitlicher Ablauf 57-76
Dämmerungsstrahlen 86
Dämmerungszeitdauer 68

Eiskügelchen 93
elektromagnetische Wellenstrahlung 14, 27
Erdschatten 32, 35, 64
Erdschattengrenze 65
Extinktion 20
Extinktion des Lichts durch Streuung 44
Extinktion durch Absorption 54

Farbanordnung am Himmel 61
farbarme Dämmerung 89
Farbbestimmung 13
Farbempfindlichkeit des Auges 12
Farbe des Mondes 65
Farben 14
Farbenlehre 13
farbige Streifen 61, 79
Farbmischung 15
Farbsättigung 15, 17, 18
Farbtafel 14-18
Farbton 14, 17
farbtongleiche Wellenlänge 15, 17, 18
Farbquotient (Farbverhältnis) 77

Gegendämmerung 64-69
grüner Strahl 41

Hauptdämmerungsbogen 64, 65, 69
Hauptpurpurdämmerung 69
Hauptpurpurlicht 69-75
helle Dämmerung 57
Himmelshelligkeit 13, 25
Himmelsstrahlung 24

Höhenschichtung der Atmosphäre 30
Horizontalstreifen 57, 61, 69, 76, 79

klarer Schein 63, 75
Konvektion 27, 48

Lebensdauer der Aerosolpartikeln 46
Leuchtdichte 11, 18, 19
Leuchtdichte des Zenithimmels 13
Leuchtdichteverteilung des Himmels 25, 26, 89
leuchtende Nachtwolken 91
Licht, sichtbares 14
licht- und farbenempfindliche Rezeptoren 12
Lichtabsorption durch Ozon, Ozonabsorptionsbanden 54, 55
Lichtstreuung an Aerosolpartikeln 48
Lichtstreuung, vorwärts, seitwärts, rückwärts 21, 32, 44
Lichtquantenemission 27

Mehrfachstreuung 38, 52
Mesosphäre 29
Molekülatmosphäre 44

Nachpurpurlicht (2. Purpurlicht) 76, 79
Nachthimmelslicht 95
Nordlicht 93
Normfarbtafel 16-19

Ozon 30
Ozonschicht 30

Partikelstrahlung 28
Perlmutterwolken 98
Photosphäre 21, 27
planetare Grenzschicht 29
Polarlicht 93
Purpurfarben 17
Purpurlicht 50, 60, 69-77
Purpurlicht durch Farbmischung 76
Purpurlicht und Streifung 85

Refraktion des Lichts 38-40
Rot/Grün und Rot/Blau Farbquotienten 77, 78

Schwefeldioxid 50
Sonne 22
Sonnendepression 35-38

Sonnenfarbe 24
Sonnenhöhe und Zeit nach Sonnenuntergang 36–38
Sonnenphysik 25
Sonnenstrahlung, extraterrestrische und terrestrische 22, 23
Sonnenstrahlung, spektrale Verteilung 21–23
Sonnenuntergang 31
Sonnenwind 28
spektrale Empfindlichkeit des Auges 12
spektrale Empfindlichkeit von Zapfen und Stäbchen 12
Spektralfarbenzug 19
Stäbchen (Augenrezeptoren) 12, 13
Strahlenbündel 82, 86
Strahlung, sichtbare 14
Strahlungsextinktion (Strahlungsschwächung) 20, 43
Strahlungsübertragungsgleichung 20
Streuwinkelbereiche 32, 33
Stratosphäre 29
Sulfatteilchen 70

Tagdämmerung 57, 58
Transport von Aerosolteilchen 50
Troposphäre 29

unbunt (Unbuntpunkt) 14, 17

Vollmond 68
Vulkanausbrüche 50, 76–87
Vulkane: Agung 76, 77, 83
Fernandina 83
Fuego 71, 85
Katmai 81
Krakatau 79
Pelée 80
St. Helens 50, 51, 72, 82, 85, 87

Weißpunkt (Unbuntpunkt) 17
Widerschein 64
winkelabhängige Lichtstreuung 49

Zapfen (Augenrezeptoren) 12, 13
Zenithimmel 32
Zwielicht 31
Zwischendämmerung 76

Einheiten

Energieeinheit Watt = Joule je Sekunde.
Strahlung bezogen auf ein bestimmtes enges Wellenlängenbereich = Watt je cm^2 und je Wellenlängenintervall.
Leuchtdichte = Strahlung im gesamten sichtbaren Wellenlängenbereich = Watt je cm^2 und je Raumwinkelflächeneinheit.
Einheit ist das Apostilb (asb). Beleuchtung = Leuchtdichte ohne Bezug auf Raumwinkelflächeneinheit. Gebräuchlich sind auch Strahlungsintensität (Strahlung), Helligkeit (Leuchtdichte) und Beleuchtungsstärke (Beleuchtung).
Strahlungsextinktion = Strahlungsschwächung durch Strahlungsstreuung und Strahlungsabsorption.
Lichtstreuung = Lichtschwächung ohne Energieumwandlung.
Lichtabsorption = Lichtschwächung durch Energieumwandlung.
Wellenlänge λ
Streuwinkel φ
Sonnendeklination δ
1 asb = candela je cm^2
1 Mikrometer (1 μm) = 10^{-6} Meter (m)
1 Nanometer (nm) = 1 mμ = 10^{-9} Meter.